A GÉOLOGIE & LA RECONNAISSANCE

DU

TERRAIN HOUILLER DU NORD DE LA BELGIQUE

PAR

MAX. LOHEST

PROFESSEUR DE GÉOLOGIE À L'UNIVERSITÉ DE LIÉGE

ALFRED HABETS

PROFESSEUR D'EXPLOITATION DES MINES À L'UNIVERSITÉ DE LIÉGE

et HENRI FORIR

RÉPÉTITEUR DE GÉOLOGIE À L'UNIVERSITÉ DE LIÉGE

LIÉGE

IMPRIMERIE H. VAILLANT-CARMANNE

(Société anonyme)

8, rue Saint-Adalbert, 8

1904

LA GÉOLOGIE & LA RECONNAISSANCE

DU

TERRAIN HOUILLER DU NORD DE LA BELGIQUE

PAR

Max. LOHEST

PROFESSEUR DE GÉOLOGIE À L'UNIVERSITÉ DE LIÉGE

Alfred HABETS

PROFESSEUR D'EXPLOITATION DES MINES À L'UNIVERSITÉ DE LIÉGE

et Henri FORIR

RÉPÉTITEUR DE GÉOLOGIE À L'UNIVERSITÉ DE LIÉGE

LIÉGE
IMPRIMERIE H. VAILLANT-CARMANNE
(Société anonyme)
8, rue Saint-Adalbert, 8

1904

AVANT-PROPOS

Nous nous sommes complètement abstenus, jusqu'à présent, de répondre aux diverses critiques, parfois peu bienveillantes, portées contre nous, à l'occasion de la découverte du bassin houiller de la Campine.

Mais la Nouvelle Société de recherches ayant cru devoir les reproduire dans un document officiel, nous ne pouvons laisser ce document sans réponse, sous peine de voir interpréter notre silence comme une adhésion.

Force nous est donc de relever, en ce qui nous concerne, les inexactitudes nombreuses de la « REVENDICATION PAR LA NOUVELLE SOCIÉTÉ DE RECHERCHES ET D'EXPLOITATION DU DROIT D'INVENTEUR SUR TOUT LE BASSIN HOUILLER DU NORD DE LA BELGIQUE ».

Nous le ferons avec toute la modération possible, en rectifiant successivement, et dans l'ordre où les produit ce mémoire, les allégations erronées, à l'aide du texte même des publications visées.

Il résulte des documents que nous reproduisons, que **la possibilité de l'existence de la houille en Campine n'a jamais été niée par un géologue**, *qu'elle a, au contraire, été affirmée, à diverses reprises, depuis 1806, et qu'elle apparaissait comme une conclusion évidente de l'examen d'une bonne carte géologique de l'Europe.*

Les recherches entreprises dans le Limbourg hollandais et continuées, en Belgique, par MM. J. Urban, A. Dumont et autres, n'ont fait que confirmer une opinion depuis longtemps accréditée. C'est à ce titre, que notre pays doit une grande reconnaissance à ces chercheurs.

Nous tenons à spécifier nettement le rôle exclusivement scientifique que nous avons joué dans la question, car il parait avoir été mal interprété. Les critiques de la REVENDICATION *émanent de per-*

sonnes sans doute peu au courant de la science et des méthodes géologiques; elles font, en outre, une confusion manifeste de personnes, et c'est, peut-être, là l'excuse de leur vivacité.

A la suite du sondage de Lanaeken, dû à l'initiative de M. J. Urban et n'ayant rencontré que du Houiller stérile, nous croyons, non seulement avoir attiré l'attention sur l'importance des découvertes qui y ont été faites et avoir apporté des arguments nouveaux en faveur de l'idée de l'existence d'un ou, plus exactement, de plusieurs nouveaux bassins houillers belges, mais également avoir fourni aux chercheurs des indications intéressantes sur l'épaisseur et la nature probables des morts-terrains qui les recouvrent.

Un an et demi avant la première découverte de houille en Campine, loin de cacher nos connaissances dans la question, nous les avons donc étalées au grand jour, publiant de nombreuses notices accompagnées de cartes, de croquis, de coupes, faisant appel à la discussion, provoquant des réunions publiques, fournissant les indications que nous possédions et en signalant les déductions possibles. Chargés de l'enseignement à l'Ecole des mines de Liége, ce rôle d'initiateurs ne nous paraissait que l'accomplissement d'un devoir; personne ne pourra nous faire un reproche d'avoir envisagé l'intérêt général, au lieu de rechercher un intérêt privé.

Après la réussite du sondage d'Asch, dû à l'initiative de M. A. Dumont, le premier forage qui rencontra le Houiller exploitable, en appliquant les principes que nous avions posés précédemment, nous avons indiqué l'épaisseur, la largeur, figuré la direction et l'étendue probables du nouveau bassin à découvrir; nos prévisions se sont trouvées confirmées entièrement, par la suite, sauf en ce qui concerne l'épaisseur des morts-terrains dans les environs d'Anvers; cette erreur est d'autant plus excusable, qu'elle provient de données inexactes sur le sondage de Malines, fournies par un savant attitré, M. A. Rutot.

Ni après la découverte de Lanaeken, ni après celle d'Asch, nous n'avons cherché à entrer en relations avec personne, en vue de travaux de recherches ; ce n'est que beaucoup plus tard, que des industriels et des ingénieurs, ayant apprécié nos arguments, nous ont demandé notre concours comme conseils techniques. Nous ne croyons pas qu'ils aient eu à s'en repentir ; car, parmi différents sondages, les uns fructueux, les autres exécutés spécialement en vue d'un objectif scientifique et, nous le répétons, en nous basant uniquement sur les principes que nous avions posés, nous avons à notre actif deux forages, dont l'un, celui de Coursel (n° 48) a fait reconnaître le Houiller le plus riche de toute la Campine et dont l'autre, celui de Stockheim (n° 52) présente la moindre épaisseur de morts-terrains de tout le bassin exploitable. Le premier de ces forages est plus éloigné du sondage d'Asch que celui-ci n'est distant des anciennes recherches du Limbourg hollandais ; tous sont à très grande distance de ceux de l'ancienne et de la Nouvelle Société de recherches.

Tels sont les faits essentiels sur lesquels nous croyons devoir attirer l'attention.

Ayant obtenu l'autorisation de publier le document auquel nous répondons, nous le reproduisons d'abord intégralement, ainsi que la lettre d'envoi au Ministre, pour que le lecteur ait sous les yeux tous les éléments d'appréciation.

REVENDICATION

par la Nouvelle Société de recherches et d'exploitation,
du droit d'inventeur sur tout le bassin houiller
du nord de la Belgique

Bruxelles, le 30 mars 1903.

à Monsieur le Ministre de l'Industrie et du Travail, à Bruxelles.

MONSIEUR LE MINISTRE,

Nous avons l'honneur, au nom de la Nouvelle Société de recherches et d'exploitation, en liquidation, dirigée par M. André Dumont, professeur à l'Université de Louvain, d'appeler votre bienveillante attention sur ses droits d'inventeur de l'ensemble du bassin houiller du nord de la Belgique.

Il ne serait pas équitable que les avantages qui lui seraient concédés en rémunération de ses efforts et de leur découverte fussent limités à l'octroi de l'une ou l'autre concession restreinte.

Comme le fait remarquer un arrêt de la cour de cassation de Belgique du 12 mai 1854 (*Pas.*, p. 260), aucune loi ne définit ce qu'il faut entendre par inventeur; c'est au Conseil des Mines et au Gouvernement à peser les efforts, les mérites et les titres de ceux qui revendiquent cette qualité; en principe, l'inventeur est celui qui non seulement a découvert le gisement, révélé l'existence du bassin houiller, mais a en outre démontré l'exploitabilité par l'indication des couches et filons, de leur disposition, de leur étendue, de leur allure, etc.... Mais il peut arriver qu'une autre personne découvre la houille là où son existence est devenue certaine à la suite des études et des travaux du premier explorateur?

Pourrait-on dire que les droits de cette dernière soient égaux à ceux de l'inventeur primitif qui a peut-être consacré sa fortune et le travail de toute une vie à la découverte du gisement houiller?

S'il est vrai que la découverte du charbon dans le nord de la Belgique a nécessité des études, des travaux, des efforts et des capitaux considérables, s'il est constant que, sans le succès de ces recherches et sans le résultat décisif de ces dépenses, les prétendus inventeurs concurrents n'auraient pas entrepris le moindre sondage, ne serait-il pas d'une iniquité évidente de laisser exclusivement profiter les uns des peines énormes que la découverte préalable a coûtées à d'autres? Dans de telles circonstances les droits sont partagés, les avantages ou la rémunération doivent l'être également.

On ne peut équitablement accorder la concession à l'un des inventeurs de la richesse nouvelle que moyennant une redevance à payer à l'autre.

d'autres circonstances, raisonnant de même, il contestera les inventions d'Edison les attribuant aux fondateurs de la physique.

Vers 1875, en pleine période de prospérité industrielle, des ingénieurs et des capitalistes, surtout des belges, influencés par la vogue des valeurs charbonnières, entreprirent des sondages dans la partie méridionale du Limbourg hollandais en vue d'y rechercher l'extension vers l'Ouest du gisement houiller exploité depuis longtemps à la Houillère domaniale de Kerkrade.

Il est bien évident que si, à cette époque, il eût existé une étude quelconque faisant entrevoir la possibilité de trouver un bassin houiller dans le nord de la Belgique, nos compatriotes auraient établi chez nous leur champ de recherches plutôt qu'en pays étranger.

Une quinzaine de sondages furent donc exécutés au sud du Limbourg hollandais et donnèrent lieu à l'octroi d'un grand nombre de concessions. Toutefois ces sondages, arrêtés trop tôt sans avoir recoupé un nombre de couches suffisant pour permettre de conclure à une exploitation fructueuse, provoquèrent peu d'enthousiasme dans le monde capitaliste. Aussi les concessionnaires cherchèrent-ils à suppléer à l'insuffisance de leurs recherches par une étude sur le gisement néerlandais dont ils chargèrent M. G. Lambert, en ce temps là professeur à l'Université de Louvain. Le rapport de M. Lambert parut en 1876 en même temps qu'un rapport de l'illustre géologue von Dechen qui confirmait celui de M. Lambert quant au Limbourg hollandais. Sans doute les intéressés ne jugèrent pas devoir s'en tenir là, car, quelques mois plus tard, ils prièrent M. André Dumont de faire, à son tour, une étude sur la même question. Ce dernier publia donc en 1877, une brochure intitulée : *Notice sur le Nouveau Bassin houiller du Limbourg hollandais*. Les études auxquelles se livrèrent MM. Lambert et Dumont les amenèrent très naturellement à sortir des limites de leur mission et tous deux émirent l'idée absolument nouvelle de l'existence probable d'un gisement houiller dans le nord de la Belgique.

Dans des brochures, discours ou conférences aux Chambres, dans le but signalé ci-dessus, on a cherché à faire croire que M. Dumont, élève de M. Lambert, et on insistait sur cette qualité, n'avait fait qu'épouser les idées du Maître. Or, M. Dumont avait été élève de M. Lambert en 1869 et 1870, à une époque où rien de tout cela n'était en question. Pour des motifs qu'on appréciera, nous ne citerons pas les textes des deux brochures, qui se rapportent au nord de la Belgique. Nous nous contenterons d'annexer la réédition des rapports de MM. Lambert, von Dechen et Dumont, en en recommandant une lecture attentive, persuadés qu'on tirera la conclusion que ce dernier avait eu, du nouveau bassin, une conception très personnelle, concordant absolument avec les découvertes de 1901-1903.

On pourra constater immédiatement que le géologue von Dechen qui concluait dans le même sens que M. Lambert quant au Limbourg hollandais, resta absolument muet quant au passage de M. Lambert : « A ce point de vue le Limbourg Hollandais et probablement aussi la » partie Nord de la Belgique sont favorablement situés pour espérer d'y » retrouver le prolongement du terrain houiller ». C'est évidemment que M. von Dechen voyait là une opinion à laquelle il n'y avait pas lieu d'attacher d'importance.

A la même époque, un géologue belge très estimé, M. Fr. Cornet, qui devint président de la Société géologique de Belgique, à la fin de 1877, publia, à son tour, dans les *Annales de la Société géologique* (Tome IV), une notice sur le bassin houiller limbourgeois. Quand il écrivait cette notice, M. Cornet avait connaissance des publications de MM. Lambert et Dumont, puisque le rapport de M. Lambert avait paru dans les *Annales de la Société géologique* et qu'à diverses reprises il avait été question de la notice de M. Dumont dans les publications de cette Société. N'est-il pas évident que si l'opinion de ces deux auteurs lui avait semblé mériter quelque considération, il en eut fait mention soit pour s'y rallier, soit pour la combattre? Il n'en fit rien. Bien plus, les lignes suivantes par lesquelles M. Cornet termine sa notice, prouvent à l'évidence que les géologues ne songeaient nullement à la possibilité du passage de la formation houillère au nord de la Belgique.

« Telles sont, pensons-nous, les seules conjectures que l'on puisse » faire, dès aujourd'hui, sur l'allure du bassin limbourgeois[1]. Existe-t-il » une interruption entre ce bassin et celui de la Rhür dont le prolonge- » ment est actuellement connu sur la rive gauche du Rhin, ou bien » le dépôt houiller du Limbourg constitue-t-il un trait d'union, sans » solution de continuité, entre le grand bassin allemand et le bassin » belge? Ce sont là des questions que seul l'avenir peut résoudre ».

Il résulte bien de tout ceci : qu'en 1876 et 1877, seuls MM. Lambert et Dumont émirent l'avis qu'il existait probablement un bassin houiller dans le nord de la Belgique, que jamais avant cette époque semblable affir-

[1] Il s'agit du Limbourg hollandais.

mation n'avait été faite et que l'opinon de MM. Lambert et Dumont n'eut aucun écho dans le monde savant.

Durant les années qui suivirent, les géologues et la Société géologique ne s'occupèrent plus de cette question.

Peut-on, de bonne foi, prétendre, comme on l'a fait depuis 1901 et comme plusieurs députés, se basant sur ces affirmations audacieuses, le répétèrent aux Chambres, que la découverte du bassin du Nord était l'œuvre d'une série de savants dont on citait les noms, tout en se gardant d'appuyer ces affirmations sur des textes ? Ce que nous disons ici s'applique notamment au mémoire de M. Renier Malherbe cité en toute dernière heure.

Sans avoir besoin de procéder à l'examen de tous ces travaux, il saute aux yeux que si l'un d'eux avait fait prévoir l'existence de ces richesses qui, dévoilées, ont causé une impression profonde dans notre pays, la Nouvelle Société de recherches et d'exploitation eut été devancée depuis longtemps.

A partir de 1877, M. Dumont continua la propagande en faveur d'une thèse que, seul, il ne pouvait prouver expérimentalement, et bien des témoignages pourraient être produits à ce sujet. A diverses reprises, il chercha à grouper des capitalistes pour tenter des explorations ; malheureusement, les affaires charbonnières avaient perdu leur vogue et l'esprit d'entreprise faisait défaut.

Les choses restèrent en cet état jusque en 1897, époque à laquelle se constitua un groupe d'explorateurs, ayant à sa tête M. Urban, dans le but de faire un sondage à Lanaeken. On a tiré argument de ce travail pour contester à M. Dumont et à ses amis le titre d'inventeur. M. Urban agissait-il sous sa propre inspiration ou s'était-il rallié, comme bien d'autres ingénieurs de cette époque, à l'opinion des auteurs des mémoires de 1876 et 1877 ?

Dans tous les cas, les emplacements choisis, d'un côté par M. Urban et, de l'autre, par la Nouvelle Société de recherches et d'exploitation pour son premier sondage à 22 kilomètres au nord de Lanaeken, prouvent une conception entièrement différente du bassin houiller. A Lanaeken, on aboutit au terrain houiller improductif. Ce résultat ne jette aucune lumière sur la question, sinon on n'eut pas attendu la fin des sondages à grande profondeur de Eelen et d'Asch pour faire concurrence à notre groupe.

Il est à noter aussi que les travaux de Lanaeken n'émurent point la Société géologique qui continua à garder le silence.

Dans cette campagne entreprise pour faire croire que M. Dumont s'était inspiré des travaux d'autrui, on a cité, parmi ceux-ci, le sondage de Lanaeken ; cette affirmation est aussi peu fondée que les autres, car ce fut pendant l'exécution de ce forage que M. Dumont réussit enfin à constituer une Société de recherches. Sans doute, l'exemple donné à Lanaeken stimula les capitalistes, mais il est vraisemblable que, si M. Dumont avait attendu la fin de ce forage, il eût échoué encore une fois et ne serait pas parvenu à constituer sa société.

La Nouvelle Société de recherches et d'exploitation réunit ses premiers adhérents en juin 1898 et fut constituée définitivement le 12 octobre 1898.

Immédiatement, dans la huitaine de la fondation, le Conseil d'administration, sur la proposition de M. Dumont, décida de planter le premier sondage à Eelen, à 22 kilomètres au nord du sondage de Lanaeken. Il se passa un temps assez long en négociations avec des sondeurs et le sondage ne fut commencé que le 16 décembre 1898 ; c'est à cette époque que la Société géologique entra en scène. Elle n'avait pas jugé digne d'intérêt les mémoires de 1876 et de 1877 et le sondage de Lanaeken, qui a duré deux années, l'avait laissée indifférente. Il s'agissait pourtant d'un problème dont la solution heureuse devait être, pour le pays, la source d'une richesse colossale. Mais ce ne fut que quand la Société de recherches, groupée autour de M. Dumont, se prépara à faire son premier sondage, que soudain, semble-t-il, la question devint intéressante.

A la réunion de la Société géologique du 18 décembre, une discussion surgit, en dehors de l'ordre du jour, à la fin de la séance, « sur le » sondage de Lanaeken et le prolongement, dans le Limbourg, du » bassin houiller de Liége ». (*Ann. de la Soc. géol.*, t. XXVI, p. LXV).

Prolongement du bassin houiller de Liége. Voilà la vérité ! Voilà ce que pensaient les géologues en 1898 ! Ils ne comptaient que sur l'extension du bassin liégeois vers le Nord et nous allons voir bientôt quelle importance ils lui attribuaient.

Dans la même séance, il fut décidé que la discussion serait reprise ultérieurement et que la question serait mise à l'ordre du jour d'une séance spéciale extraordinaire, à laquelle toutes les associations d'ingénieurs, d'industriels, etc., seraient convoquées.

Il fallait que la Société géologique prît position et fût prête à tout évènement. La séance eut lieu le 19 février. L'ordre du jour portait : « Probabilité de la présence du terrain houiller au nord du bassin de » Liége ».

Ordre du jour encore une fois bien significatif. Plusieurs orateurs y donnèrent lecture des travaux qu'ils avaient préparés. Ces travaux figurant au procès-verbal de la séance ont été réunis ensuite en publication spéciale.

Ces travaux qui émanent d'ingénieurs et de géologues distingués, sont d'un haut intérêt scientifique, mais une très large place y est faite à des questions qui ne se rapportent que bien indirectement à celle de l'ordre du jour. Quelle est la conclusion à tirer de ces lectures intéressantes? C'est la probabilité du prolongement en Belgique du bassin hollandais, mais principalement au NW. de Visé, ce qui n'est pas précisément la Campine limbourgeoise et que « c'est le long d'un axe » passant près de Maestricht et s'étendant de cette localité vers le » Sud-Ouest qu'on aurait le plus de chances de succès ». (*Annales de la Société géologique*, t. XXVI, p. XCI).

Dans le même ordre d'idées, d'autres orateurs étaient généralement d'accord qu'un sondage à Eben-Emael (localité voisine de la province de Liége), serait bien placé. Et des sénateurs, des représentants ont affirmé que nous avons été guidés par les travaux de la Société géologique, travaux publiés après le commencement du sondage de Eelen. N'est-il pas évident que si, après Eelen, nous avions pu être influencés par ces travaux, ce n'est certes pas à Asch, que nous eussions planté notre second sondage, mais vers la province de Liége où un échec aurait terminé la campagne.

La vérité est que nous avions une tout autre conception du bassin houiller que les membres de la Société géologique, que nous tenions la leur comme erronée et qu'eux, à leur tour, tenaient notre recherche comme absurde puisque, dans ces savants travaux, Eelen ne fut même pas cité, car on ne retrouve le nom de ce remarquable sondage que dans une note publiée à la fin de la brochure de la Société géologique. Cette note, émanée d'un jeune ingénieur de l'Administration des Mines, considérait comme possible une extension vers l'Ouest du bassin néerlandais, pouvant englober Eelen. Le même auteur, à propos du sondage de Lanaeken, était d'avis que, si le bassin hollandais franchit la Meuse vers le Nord, il n'occupera qu'une partie très restreinte de notre territoire. Et cette opinion ne fut pas combattue.

De l'examen attentif des travaux de la Société géologique, nous croyons pouvoir justement conclure que la probabilité d'un bassin à découvrir était limitée à un prolongement du bassin liégeois vers le Nord et ne correspondait nullement à un bassin indépendant et important sous les Campines anversoise et limbourgeoise. C'est pourquoi on préconisait des sondages à Eben-Emael ou bien le long d'une ligne SW. partant de Maestricht et cela avec une confiance bien faible sans doute puisque l'on se bornait à donner cette indication sans que ses auteurs qui, après notre succès d'Asch, dépensèrent des centaines de mille francs en Campine, aient pu se décider à tenter les sondages qu'ils préconisaient. Quant à nous, nous poursuivions péniblement le sondage de Eelen de 1898 à 1900.

Nous nous étions lancés comme dans une mer inconnue à la recherche d'un nouveau monde. Quel courage et quelle confiance il fallut, en présence des difficultés qu'on ne pouvait prévoir telles! Quelles dépenses à supporter, auxquelles les associés firent pourtant face sans broncher! Tandis que les autres, en se portant d'emblée plus au Sud pouvaient nous devancer dix fois, si la confiance en leur propre thèse ne leur avait manqué!

Mais le sondage de Eelen poussé à 900 mètres subit un accident qui le compromit sans remède. La Société avait dépensé tout son capital. Néanmoins, M. Dumont plus convaincu que jamais prit avec quelques uns de ses associés la résolution de recommencer. Un premier jalon était posé! Il montrait qu'en se reportant au Sud, on diminuerait les difficultés de l'entreprise et que la position d'Asch permettrait d'atteindre le terrain houiller vers 500 mètres. Il fallait trouver de nouvelles ressources et le capital est souvent craintif.

Un accident peut le compromettre comme à Eelen avant l'arrivée au but. Il fallut trois mois de démarches pour recueillir de nouvelles adhésions. Deux mois s'écoulèrent ensuite depuis la fondation de la Nouvelle Société de recherches et d'exploitation jusque la rencontre de la première couche à Asch. Le charbon était enfin découvert!!!

Cet évènement eut lieu le 2 août 1901 et l'Administration des Mines fut appelée à en faire la constatation. La nouvelle de cette découverte se répandit rapidement et causa non seulement une vive émotion dans le monde industriel, mais une profonde surprise dans le monde savant. On doutait encore. Un géologue de tout premier ordre crut, malgré l'affirmation contraire de son interlocuteur, que ce ne pouvait être tout au plus que du charbon maigre. Quelques jours plus tard, M. Harzé, l'auteur du projet de sondage à Eben-Emael apprenant la haute teneur en matières volatiles du combustible rencontré à Asch, émettait l'avis que ce pourrait être du lignite! Pourquoi donc pas la houille grasse que cherchaient MM. Dumont et ses associés? Inutile de répondre à cette question ; c'était la dernière manifestation du doute quant au bassin limbourgeois.

Le sondage d'Asch recoupa rapidement d'autres couches de même nature. Pendant ce temps, chaque jour, des personnes rôdaient autour du forage, s'informaient dans la contrée et, trompant la surveillance, s'introduisaient dans l'enceinte du forage, cherchant à voir le combustible et à connaître les prévisions des explorateurs. Bientôt, des groupes liégeois vinrent sonder au nord et au sud de notre n° 1, pour ainsi dire dans le voisinage immédiat. C'était là un procédé insolite, principalement vis-à-vis de ceux qui, à la suite de trois années de luttes et de sacrifices que personne n'avait osé affronter, venaient d'aboutir à une découverte aussi importante.

Nous méritions certes, et dans tous les milieux on s'est plu à nous le répéter, respect et considération particulière. Nous devions être traités non pas en ennemis, mais en ingénieurs ayant mérité l'estime de tous. Nous avions le droit de compter sur ceux qui, à la lumière de nos travaux, entreprendraient des recherches, s'associeraient en quelque sorte à nous pour démontrer l'extension du bassin en allant opérer dans une autre région ; qu'ils nous laisseraient, autour d'Asch, le champ libre pour y développer nos travaux conformément aux méthodes d'exploration qu'ils ne pouvaient ignorer, et de façon à nous permettre de demander une concession telle que nous l'entendions. Qui prétendrait que, dans une telle circonstance, nous ne pouvions légitimement croire que nul n'oserait entraver les travaux que la loi nous imposait. En effet, pour satisfaire à la loi, le seul sondage d'Asch 1, dans un bassin absolument neuf, était insuffisant.

Certes, les témoins retirés du trou de sonde indiquaient une pente très faible, en même temps qu'une grande régularité d'allure, mais on pouvait cependant objecter que le sondage était peut-être sur une selle, par exemple, ou bien au fond d'une cuve dont les bords redressés réduiraient la découverte à un bassin de faible étendue.

Aujourd'hui, qu'on a constaté l'étendue du terrain houiller toujours en allure plate et régulière, sous plus de 100 000 hectares, un seul sondage permet de conclure pour plusieurs milliers d'hectares. Mais, en 1901, la preuve de cette extension devait être faite et tout homme de métier savait que nous avions d'abord à planter des sondages au Nord et au Sud. C'était donc la guerre qu'on faisait aux inventeurs de la houille dans le Limbourg, en venant sonder tout contre leur premier sondage !! Et spectacle étonnant, ce sont précisément ceux qu'on nous accuse d'avoir plagiés qui profitent les premiers des résultats que nous obtenions à l'encontre de leurs prévisions et de leurs théories, pour venir, sans risques, sonder à côté de notre premier sondage. Profondément écœurés, mais soutenus par la pensée que la justice si exceptionnelle de notre cause l'emporterait, même si nous étions devancés, nous avons poursuivi notre programme de recherches. Nous dûmes cependant modifier le plan rationnel de notre demande en concession d'Asch 1 et le reporter vers l'Est, afin de laisser de la surface à demander du chef de nos sondages 2 et 3. Nous devions aussi prévoir que des accidents pouvaient perdre ces deux sondages. Pour être sur la défensive, nous étendîmes notre première demande jusque dans le voisinage de ces sondages. La situation anormale de ceux-ci, qui étonne au premier abord, s'explique par les conditions difficiles où la concurrence nous mettait. Heureusement, grâce à un outillage de premier ordre, nous arrivâmes bien longtemps avant nos concurrents.

Ces faits montrent bien que nous sommes les seuls inventeurs dans le sens de la loi. Bien plus, si on prétendait que l'inventeur n'est pas celui qui trouve, mais celui qui a conçu l'idee, qui a indiqué les recherches à faire, le programme à suivre, nous déclarerions encore mal fondées toutes les prétentions concurrentes. En effet, il est bien établi par ce qui précède que :

1°) Avant le commencement du sondage de Eelen (1898), on ne peut citer en dehors des mémoires de MM. Lambert et Dumont, aucun texte indiquant la probabilité d'un bassin houiller en concordance avec les découvertes actuelles.

2°) Les travaux publiés après 1898 n'admettaient pas l'existence du bassin houiller que recherchait le groupe Dumont, sinon ils eussent signalé l'immense intérêt de la recherche de Eelen.

3°) Ces mêmes travaux pressentirent la probabilité d'une extension au nord du bassin de Liége, dans une région dont la stérilité est bien établie aujourd'hui et leurs auteurs attribuaient sans doute eux-mêmes si peu d'importance à cette extension, que M. Harzé et d'autres se sont bornés à de platoniques conseils.

4°) Quand nous découvrîmes la houille à Asch, les savants en question furent surpris et se refusèrent encore à admettre l'existence d'un vaste bassin. On les vit en effet accoler leurs sondages aux nôtres, plutôt que de les transporter au loin pour chercher à démontrer au moins l'importance et l'extension du bassin que nous venions de trouver et de participer ainsi à l'honneur de la découverte. Comment expliquer cette indifférence si ce n'est que la découverte d'Asch allait à l'encontre de leurs idées, et ne leur apparaissait que comme un coup de sonde heureux dans un petit bassin accidentel.

Bref, ces Messieurs étaient désorientés et ce qu'ils n'osèrent tenter, confiants dans notre conception du bassin du Nord, nous le fîmes.

Nous avons alors étendu progressivement nos travaux en sondant pour des tiers dans la région de Mechelen et Genck, et nous sommes allés de nouveau, à nos risques et périls, planter un sondage à Houthaelen, soit à une quinzaine de kilomètres d'Asch vers l'Ouest.

La découverte du terrain houiller en ce point fut un second évènement d'importance presque aussi grande que celui du mois d'août 1901. En effet, il démontrait que le gisement d'Asch ne constituait pas un dépôt local, mais appartenait, ainsi que M. Dumont l'avait pensé, à un bassin important.

Tout l'honneur de cette seconde découverte appartenait encore une fois à la Nouvelle Société de recherches et d'exploitation.

Dans cette nouvelle région, nous entreprîmes encore une série de sondages pour compte de tiers. Ces sondages ne firent que confirmer nos prévisions de l'extension vers l'Ouest. En outre, la faible inclinaison des strates, ainsi que la nature des roches houillères nous permirent de conclure que, non-seulement le bassin houiller s'étendait sans solution de continuité depuis la Meuse mais très probablement aussi, conformément à l'opinion exprimée par M. Dumont en 1877, sous le territoire de la province d'Anvers. C'est ce qui restait à démontrer.

Nous étendîmes nos recherches plus à l'Ouest et le 2 août 1902, nous recoupions la première couche de houille au sondage de Genendyck, tout à l'extrémité ouest du Limbourg. *En un an, jour pour jour, nous avions découvert tout le bassin limbourgeois.*

Au cours de l'exécution de ces travaux, des groupes d'explorateurs se constituèrent à côté du nôtre ; nous y trouvons les représentants les plus autorisés de la Société géologique. Nous les avions devancés partout dans le Limbourg. Comment pourraient-ils prétendre au titre d'inventeurs, puisque leurs travaux ne faisaient que suivre les nôtres et qu'ils n'ont jamais découvert, mais seulement constaté après nous ? Et qui pourrait, ignorant les noms des personnes et après examen impartial des faits, nier que les inventeurs d'Asch sont aussi ceux de tout le Limbourg ?

Il nous restait à aborder la province d'Anvers. Déjà, en prévision des recherches qu'on ferait dans cette région, quelques uns, mus probablement par une ambition qu'on ne pourrait blâmer, rompirent le silence de jadis et émirent des avis et des conseils au sujet de la Campine anversoise. Il fut dit qu'au nord d'Anvers on rencontrerait probablement le terrain houiller moins profondément que dans le Limbourg. On fit grand état d'une carte hypothétique de la surface du Primaire dans le nord de la Belgique. M. Harzé proposa un sondage à Knocke. Bref, on se lançait dans la voie des prophéties. On indiquait aux futurs explorateurs la voie à suivre, de telle façon que ceux-ci n'avaient plus qu'à « tirer profit de ces » indications. »

Nous tenons à dire que nos prévisions ne concordent pas avec celles de ces savants. L'avenir décidera qui s'est trompé !

Nous étions décidés à poursuivre notre marche en avant dans la Campine anversoise, procédant, comme à Houthaelen, par grandes enjambées, en restant fidèles à notre conviction.

Mais, à ce moment là, une certaine prudence s'imposait. Aux Chambres et dans la presse, la question du nouveau bassin était à l'ordre du jour. Chez certains législateurs, comme dans certaine presse, sa découverte n'avait inspiré qu'une médiocre gratitude envers ceux qui, sans souci des sarcasmes, risquant leurs capitaux et leur réputation, entre amis pour ainsi dire et sans faire appel à l'esprit de spéculation, pas plus après le succès d'Asch qu'à l'époque de la fondation des deux Sociétés, avaient dévoilé au pays une immense richesse. On voulait bien nous concéder l'honneur d'avoir, les premiers, recoupé une couche de houille dans le Limbourg, mais on s'efforçait de le diminuer en affirmant audacieusement que nous avions profité des renseignements fournis par des savants qu'on citait, mais sans donner, et pour cause, les textes et les dates de leurs écrits. On nous représentait comme de futurs trafiquants de concessions et des lanceurs d'affaires. On nous accusait d'accaparement.

Prononcés dans des enceintes où nous ne pouvions les réfuter, ces discours rendaient difficile notre rôle d'explorateurs, car demander de nouvelles concessions, c'était aviver l'injuste campagne menée contre nous. C'est pourquoi quelques-uns d'entre nous, jugeant qu'il convenait de constituer un nouveau groupe d'explorateurs, fondèrent la Société anversoise de sondages, qui devait opérer sous notre direction.

Cette Société, constituée en très grande partie d'éléments nouveaux, fut fondée au capital de 750 000 francs. Ainsi que le constatent les procès-verbaux de la Nouvelle Société de recherches et d'exploitation, le capital était souscrit alors que nul sondage n'était commencé, dans la province d'Anvers et la Société anversoise allait être la première à explorer la région. Malheureusement, diverses circonstances retardèrent la fondation de la Société et, par suite, le commencement des travaux. Il en résulta que d'autres prirent les devants. Mais les sondages qu'ils effectuèrent, dans une mauvaise orientation, n'aboutirent qu'à de médiocres résultats. Pendant ce temps, la Société anversoise entreprenait, avec notre concours technique, le sondage de Gheel qui aboutissait, comme dans le Limbourg, à la recoupe de charbon à gaz et de charbon à coke.

C'est donc bien à la Nouvelle Société de recherches et d'exploitation que revient l'honneur, si pas d'avoir constaté la présence du Houiller dans la province d'Anvers, au moins d'avoir démontré que la Campine anversoise renferme aussi une richesse minérale sérieuse.

En conséquence, nous croyons pouvoir revendiquer, sur tout le bassin houiller du nord de la Belgique, les droits attribués à l'inventeur par nos lois minières. Nous espérons qu'à l'occasion de l'octroi de concessions aux divers demandeurs, le Gouvernement tiendra un juste compte de nos titres. Nous pensons que l'importance du service rendu impose, à notre égard, une justice absolue.

L'honneur est la récompense des hommes, mais le capital qui a prêté à l'œuvre son concours, a droit aussi à une généreuse rémunération.

NOTRE RÉPONSE.

Réponse à la Revendication, par la Nouvelle Société de recherches et d'exploitation, du droit d'inventeur sur tout le bassin houiller du nord de la Belgique.

La première accusation portée contre la *Société géologique de Belgique*, est d'avoir cherché à enlever à M. A. Dumont le mérite de la découverte de la houille en Campine, par esprit de " *rivalité d'Ecole et* „ *aussi* „ par suite de " *la faiblesse humaine qui porte les gens à se* „ *parer volontiers des mérites d'autrui* „.

Tout d'abord, la Société géologique est composée de membres appartenant à toutes les Ecoles de Belgique et même à un bon nombre d'Ecoles étrangères ; son but étant exclusivement scientifique, elle s'est toujours abstenue, avec le plus grand soin, de toute controverse politique, économique ou religieuse, comme de toute polémique pouvant provoquer des conflits entre ses adhérents. C'est même pour cette raison, que nous n'avons pas voulu porter devant elle le présent mémoire, préférant prendre sur nous la réponse que réclame le document de la Nouvelle Société de recherches et d'exploitation.

Lorsque la Société géologique mit à son ordre du jour la question de la *Probabilité de l'existence du terrain houiller au nord du bassin de Liége,* elle adressa, à chacun des membres des Associations d'ingénieurs sortis des Ecoles spéciales de Liége, de Louvain et de Mons, une invitation personnelle à prendre part à la réunion du 19 février 1899, où cette question devait être débattue; elle continua à agir de même par la suite; en outre, le secrétaire général envoya à M. Guillaume Lambert et à M. André Dumont — quoique tous deux fissent partie de la Société — une lettre par laquelle il sollicitait spécialement leur participation à la discussion, en raison même de leurs publications de 1876 et 1877. M. Lambert ne put se rendre à l'invitation, à cause de son grand âge; M. Dumont fit connaître que, « dirigeant les travaux de recherche » d'une Société, il ne lui était pas permis d'intervenir dans la dis- » cussion ». Leurs réponses figurent, en annexes, à la fin du présent mémoire, sous les lettres A et B.

Il suffira d'énumérer les personnes qui ont pris part aux débats, tant à cette séance qu'à celles qui suivirent, pour démontrer qu'il ne pouvait être question, en l'occurrence, de faire, de cette discussion scientifique, une question d'Ecole. Ces personnes sont :

M. G. Soreil, ingénieur sorti de l'Université de Gand,

MM. G. Dewalque, H. Forir, A. Habets, E. Harzé, M. Lohest et X. Stainier, ayant fait leurs études à Liége,

M. G. Velge, ingénieur de l'Université de Louvain,

M. le baron O. van Ertborn.

La Société géologique modifia-t-elle, plus tard, son attitude? Nous mettons au défi de trouver, tant dans les publications de la Société géologique que dans d'autres, faites par l'un de nous, un seul mot qui puisse être interprété comme provoquant une rivalité d'Ecoles.

« Je crois devoir rappeler », écrit le secrétaire général, dans son rapport annuel du 17 novembre 1901 (*Ann. Soc. géol. de Belg.*, t. XXIX, p. B 36), « que c'est à la Société géologique, et sur l'initiative » de nos savants confrères MM. A. Habets et M. Lohest, que la question » de l'existence probable d'un nouveau bassin houiller au nord de » celui de Liége a été soumise, pour la première fois, à une discussion » scientifique. Il vous aura certainement été agréable de constater » que les prévisions de la plupart des personnes ayant pris part à cette » importante controverse, viennent de recevoir une éclatante confir- » mation, par la découverte, à Asch, de plusieurs couches de houille ».

La publication de ce rapport provoqua la démission de M. le professeur A. Dumont, ainsi que le prouvent les annexes C, D et E.

A la séance du 16 mars 1902, M. M. Lohest, parlant en notre nom commun, s'exprimait comme suit (*Ibidem*, t. XXIX, p. M 81) :

« Conformément aux prévisions de plusieurs géologues, la houille a » été rencontrée au nord du bassin de Liége, en Campine.

» De nombreuses questions se posent, actuellement, au sujet de » la largeur du nouveau bassin découvert, de son épaisseur, de sa » direction, de la puissance des morts-terrains qui le recouvrent.

» Antérieurement à cette découverte, la Société géologique a publié » des documents permettant d'aborder la solution de ces différents pro- » blèmes ; mais le public, peu initié aux questions de géologie pure, » éprouve parfois des difficultés à les interpréter..... »

A la réunion du 21 décembre 1902, le même géologue disait encore (*Ibidem*, t. XXX, p. M 216) :

« Le 8 août 1901, un premier sondage, dû à la persévérante initia-
» tive de M. André Dumont, a atteint, à Asch, la première couche de
» houille reconnue en Campine. A l'annonce de cette découverte,
» d'une importance énorme pour la Belgique, une nouvelle réunion
» spéciale fut convoquée à notre Société ; tous les ingénieurs du pays,
» ainsi que des ingénieurs et des industriels étrangers, furent invités
» à y prendre part.

» A cette époque, d'importants documents, publiés antérieure-
» ment dans nos *Annales*, permettaient d'aborder la solution des
» principaux problèmes soulevés par la découverte d'Asch. En les
» utilisant, plusieurs de nos confrères purent donner des renseigne-
» ments précieux aux chercheurs et leur indiquer, non seulement la
» direction, l'allure, la puissance probable du nouveau bassin houiller
» découvert, mais encore l'épaisseur et, jusqu'à un certain point, la
» nature des morts-terrains qui le recouvrent. Les prévisions émises
» ont, pour ainsi dire, été vérifiées à la lettre, par les nombreux son-
» dages effectués, et c'est avec une légitime satisfaction que nous
» pouvons constater, aujourd'hui, la démonstration expérimentale
» d'hypothèses émises à nos réunions, hypothèses basées, en partie,
» sur des considérations théoriques ».

La reproduction de ces passages de nos publications, **les seuls où est envisagée la part prise par la Société géologique dans l'étude du nouveau bassin houiller**, démontre, sans conteste, qu'une rivalité d'Ecoles n'a pas été provoquée par notre fait.

M. Dumont a-t-il pratiqué la même réserve ? C'est ce qu'il importe d'examiner. Reproduisant son travail de 1876, il le fait précéder de l' " Avant-propos „ suivant, en grands caractères (*Publication trimestrielle de l'Union des Ingénieurs sortis des Ecoles spéciales de Louvain*, année 1902, fasc. 4, p. 185, octobre-décembre 1902) :

« La découverte d'un riche bassin houiller dans le nord de la Bel-
» gique a, pour le pays tout entier, une importance sur laquelle il est
» inutile d'insister.

» **L'honneur en revient aux membres de l'Union des**
» **Ingénieurs**.

» Pour couper court à toute revendication contraire et répondre
» ainsi au désir de nos camarades, je réédite, telle qu'elle parut en
» **1877**, la « **Notice sur le nouveau bassin houiller du**
» **Limbourg hollandais** », en soulignant les passages relatifs à la
» Belgique et en annexant une carte des sondages effectués par les

» deux sociétés de recherche fondées par les membres de l'Union ».

Dans une conférence faite le 19 octobre 1902, M. Dumont s'exprime encore comme suit (*Ibidem*, année 1903, fasc. 1, pp. LXIX-LXXIV) :

« ..... Ce sont des mineurs qui ont, il y a plus de vingt-cinq ans,
» prévu le bassin houiller du Nord de la Belgique, et, depuis lors, c'est
» seulement dans le monde des mineurs que les premiers ont recruté
» des adhérents. Les travaux effectués pendant ce quart de siècle,
» entre le Rhin et la Meuse, ont eu beau rendre, de jour en jour, plus
» vraisemblable ce que deux membres de l'*Union des Ingénieurs*
» imprimaient en 1875 et 1876, les géologues sont restés rétifs jusqu'au
» bout, voir même jusqu'à la première découverte de houille à Asch ».

Il ajoute, plus loin :

« Si la Belgique est dotée d'un nouveau bassin houiller, d'une richesse
» considérable, **l'honneur en revient, tout entier et incontesta-**
» **blement** aux yeux des gens de bonne foi, **aux Ecoles de Louvain**
» auxquelles appartiennent les promoteurs de l'idée et la plupart des
» membres des deux glorieuses Sociétés de recherche.
» Si les documents et les faits ne l'établissaient surabondamment,
» les efforts tentés dans d'autres réunions, avec plus ou moins d'habi-
» leté, pour donner le change à l'opinion, en seraient une preuve
» suffisante. Mais toutes ces tentatives devaient rester vaines et n'ont
» abouti qu'à un résultat opposé, au témoignage non suspect d'ingé-
» nieurs classés parmi des plus éminents et qui n'appartiennent pas
» à nos Ecoles ».

La lecture de ces textes suffit à montrer que, **si la question de la découverte de la houille en Campine a soulevé une rivalité d'Ecoles, c'est à M. A. Dumont et nullement à nous, qu'en incombe la responsabilité.**

***

Nous n'avons pas à défendre les idées émises par autrui ; néanmoins, nous ne pouvons laisser passer, sans protestation, l'accusation d'absurdité portée, dans la *Revendication*, contre la déclaration que les travaux de Godwin-Austen faisaient prévoir l'existence de la houille dans le nord de notre pays. Certes, dans le remarquable mémoire de 1855 de ce savant (On the possible Extension of the Coal-Measures beneath the South-Eastern part of England. *Quarterly Journal of the Geological Society of London*, vol. XII, pp. 38-73, pl. I), aucun texte n'indique cette prévision ; mais l'examen de la carte y annexée peut-il, pour un géologue, laisser le moindre doute à cet égard? L'auteur réunit dans le même pli de l'écorce terrestre, les bassins houillers du Pays-de-Galles, du nord de la France et de la Belgique, ainsi que celui de la Westphalie, *dont le sud seul était connu à cette époque*, il en sépare nettement, d'une part le synclinal du Staffordshire, d'autre part celui du Yorkshire. Les auteurs de la *Revendication* ignorent-ils donc la loi du parallélisme des plis des formations géologiques, invoquée par ce savant ? Ne savent-ils pas en tirer la déduction que l'on doit vraisemblablement rencontrer, dans la partie septentrionale de la Belgique, le prolongement de ces deux synclinaux?

C'est ce que M. J. d'Andrimont, l'auteur de la traduction publiée en 1858, semble cependant avoir compris, ainsi que le montre le passage suivant de l'avant-propos de cette traduction :

« L'intérêt scientifique des considérations que développe l'auteur et » des conclusions qu'il en tire n'échappera à personne, et se rattache » aux questions générales qui concernent la richesse houillère tant de » l'Angleterre que de la France *et de la Belgique*. » (*Rev. univ. des Mines*, t. III, p. 88, 1858).

Il ne faut pas oublier, du reste, que le mémoire dont il vient d'être parlé, avait comme unique objectif de pousser à la recherche du prolongement oriental du bassin houiller du sud du Pays-de-Galles, et que, par suite, il n'est pas étonnant que la pensée attribuée par certains à Godwin-Austen n'y soit pas explicitement formulée.

Quoi qu'il en soit, c'est à une époque beaucoup plus reculée, que remonte la conception de l'existence d'un bassin houiller dans le Limbourg belge; en effet, les frères Castiau, vers l'an 1806, avaient, avec d'autres personnes, entrepris à Meyleghem, des recherches basées sur des considérations analogues à celles que nous venons de faire connaître, et dont les conclusions furent nettement formulées, comme suit, en 1835, par M. le Commissaire de district De Jaegher (*Annales des Mines de Belgique*, t. V, 2e livraison, *Rapports administratifs*, pp. 246 et suiv.) :

« ..... il doit se trouver, sur un tracé de distance égale à celle de

» Juliers à Crefeld, à travers notre pays, une seconde ligne de mines » de houille qui doit passer par Ruremonde sur Brée, Diest, Louvain, » Bruxelles, Audenarde, Courtrai et Wervicke, pour rejoindre celle » prémentionnée en Angleterre, en passant par la France où paraît » exister une lacune ».

Ici, il n'y a pas de contestation possible, les récentes recherches ont démontré le bien fondé des déductions de ces deux directeurs de mines, tout au moins pour la région de la Campine comprise entre Ruremonde et Diest.

En 1875, un ingénieur de grand mérite, M. Julien de Macar énonçait, d'autre part, ce qui suit, dans un mémoire couronné par l'Académie royale de Belgique et conservé dans les archives de cette docte assemblée :

« Il est donc bien évident pour moi que le terrain houiller se pour- » suit sous les morts-terrains crétacés et tertiaires; il s'y enfonce » à grande profondeur dans les mêmes conditions où il se trouverait » vers le nord de la Hesbaye et du Brabant.

» Il formerait dans ce cas un ou plusieurs nouveaux bassins com- » plètement inconnus jusqu'à ce jour et que des spéculations théo- » riques permettent de supposer ».

C'est l'année suivante, en 1876, que le vénérable professeur Guillaume Lambert publia incidemment, dans une notice sur le *Nouveau bassin houiller découvert dans le Limbourg hollandais* (*Rapport*. Bruxelles, mars 1876), les deux propositions suivantes, intéressant notre pays :

« A ce point de vue le Limbourg Hollandais et probablement aussi » la partie Nord de la Belgique sont favorablement situés pour espérer » d'y retrouver le prolongement du terrain houiller ».

» Si la recherche du prolongement du bassin Belge vers le Nord » n'a pas eu lieu plus tôt, c'est qu'elle n'avait pour ainsi dire qu'une » valeur scientifique ».

Une année plus tard, en 1877, M. André Dumont épouse les vues de M. G. Lambert, son Maître, en leur donnant un peu plus de développement (*Notice sur le nouveau bassin houiller du Limbourg hollandais*. Bruxelles, Decq et Duhent, 1877) :

« Nous aurions ainsi plusieurs bandes houillères se dirigeant vers » l'ouest mais dans des directions divergentes. L'une d'elles..... Une

» autre marcherait parallèlement au bassin méridional sur une certaine
» longueur, puis s'en séparerait dans le Limbourg, passerait sous les
» formations plus récentes du nord de la Belgique, puis dans le
» voisinage de Londres pour aller constituer les bassins du Centre de
» l'Angleterre. Il est évident que ce tracé est tout à fait théorique et
» qu'il ne comporte nullement l'existence du gisement de houille
» sur tout son parcours. Il est fort probable que sur une telle étendue,
» par suite de soulèvements postérieurs à la formation houillère, il y
» a des solutions de continuité peut-être même considérables. Mais
» dans les cas où ces causes de disparition n'existent pas, et où l'allure
» des terrains est régulière, on doit s'attendre à trouver des dépôts
» houillers importants....... Dans l'intérêt de la science, il importerait
» que le Gouvernement belge encourageât ou fît exécuter quelques
» sondages dans les provinces du nord de la Belgique, jusqu'aux
» terrains primaires. Ces sondages fourniraient, dans tous les cas, des
» renseignements précieux à la géologie, tout en résolvant le problème
» de l'existence d'un bassin houiller dans le nord de la Belgique.......
» En admettant comme exacts les renseignements fournis par le son-
» dage d'Ostende, ils ne suffiraient pas à prouver la non-existence
» d'un bassin houiller dans le nord de la Belgique. Ils indiqueraient
» seulement une discontinuité du gisement houiller dans la région
» envisagée, ou bien simplement que celle-ci est située en dehors des
» limites du bassin. On comprend tout l'intérêt que présenteraient de
» nouveaux sondages pratiqués dans le Limbourg belge et les pro-
» vinces situées au nord de notre bassin houiller actuel. Probablement
» qu'ici, comme dans le bassin méridional, la pente de la ligne de
» thalweg se fait vers l'ouest (*sic*), et que le terrain houiller y est
» recouvert de morts terrains d'une épaisseur de plus en plus grande
» dans cette direction. Jusqu'au jour où le mineur aura trouvé le
» moyen de percer les sables d'une nature ébouleuse, à de grandes
» profondeurs, la constatation du terrain houiller, dans le nord de la
» Belgique, sera sans intérêt au point de vue industriel. Néanmoins le
» profit qu'en retirerait la science compenserait largement la dépense
» à faire pour établir quelques sondages dans le nord de notre pays ».

Que conclure de la comparaison des textes des frères Castiau, de M. J. de Macar, de M. G. Lambert et de M. A. Dumont que nous venons de reproduire, sinon que, **en 1877, la prévision de l'existence d'un bassin houiller dans le nord de la Belgique**

était une opinion courante dans le monde des géologues? Et cela n'explique-t-il pas pourquoi l'illustre von Dechen et le regretté savant belge François Cornet ([1]) sont restés muets relativement à cette prévision accréditée, à l'appui de laquelle les publications de M. Guillaume Lambert et de M. André Dumont n'apportaient aucun argument nouveau ?

En veut-on de nouvelles preuves ?

Le 1er mai 1878, feu Fr. Cornet, dont le mutisme est invoqué par la Nouvelle Société de recherches, publiait ce qui suit :

« Vers 1856, l'on commença à soupçonner que le relèvement des » couches de la Worm, sous Kerkraede, ne formait pas la limite » septentrionale du terrain houiller, mais bien une simple selle, au-delà » de laquelle devait se trouver un troisième bassin moins important. » De nombreux travaux de recherches, consistant principalement en » sondages, exécutés dans ces dernières années, ont démontré qu'il en » est bien ainsi. Du terrain houiller, avec couches de houille, s'étend » sous une surface assez considérable du Limbourg hollandais, où *il* » *forme probablement le prolongement de la partie du bassin belge qui* » *se trouve au nord de la selle de Visé.* » (La Belgique minérale. Introduction. *Exposition universelle de Paris, 1878. Industrie minérale belge. Exposition collective. Catalogue spécial.* Liége, Vaillant-Carmanne, 1878, pp. 31-32.)

A la même date, MM. J. del Marmol et A. Habets, secrétaires de l'Union des charbonnages, mines et usines métallurgiques, en décrivant les "Echantillons et cartes exposés par M. R. Malherbe „ à l'Exposition universelle de Paris de 1878, écrivent ce qui suit, concernant son *Essai de raccordement entre le bassin houiller du Limbourg néerlandais et les bassins belge et allemand :*

« La carte dont il s'agit laisse en outre entrevoir la probabilité du

([1]) Le passage suivant du travail de M. Fr. Cornet, reproduit dans la *Revendication*, n'a absolument aucun rapport avec l'éventualité de la présence du Houiller dans le nord de la Belgique :

« Telles sont, pensons-nous, les seules conjectures que l'on puisse faire, dès aujourd'hui, » *sur l'allure du bassin limbourgeois.* Existe-t-il une interruption entre ce bassin et celui de » la Rhür dont le prolongement est actuellement connu sur la rive gauche du Rhin, ou bien » le dépôt houiller du Limbourg constitue-t-il un trait-d'union, *sans solution de continuité,* » entre le grand bassin allemand et le bassin belge ? Ce sont là des questions que seul » l'avenir peut résoudre. »

» prolongement des couches du bassin de Liége au nord de la région » actuellement exploitée *où elles formeraient un nouveau bassin.* Ces » faits et en partie la carte précitée ont été produits dans le mémoire » de M. R. Malherbe couronné par l'Académie royale de Belgique, à » une époque où les sondages du Limbourg (hollandais) étaient en » quelque sorte à leur début. » (Catalogue. *Ibidem*, pp. 86-87).

Cette dernière citation peut, plus particulièrement, être opposée à l'allégation suivante de la *Revendication* :

« Peut-on, de bonne foi, prétendre, comme on l'a fait depuis 1901, » ...... que la découverte du bassin du Nord était l'œuvre d'une série » de savants......? *Ce que nous disons ici s'applique notamment au » mémoire de M. Renier Malherbe cité en toute dernière heure.* »

En 1882, le Dr Ad. Gurlt, de Bonn, publiait ce qui suit (Ueber den genetischen Zusammenhang der Steinkohlenbecken Nordfrankreichs, Belgiens und Norddeutschlands. *Verhandlungen des naturhistorischen Vereins der preussischen Rheinlandes und Westfalens*, XXXIX. Jahrgang, 2. Hälfte, *Correspondenzblatt*, pp. 61-69, 30 mai 1882) :

« In Ruhrbecken folgt dann nördlich dieses letzten Hauptsattels » noch die grosse flachgelagerte *Emscher Mulde*, welche im Streichen » jetz auf 45 km Länge von Duisburg bis Grube Victor bei Castrop » und nach N bis auf 6 km jenseits der Emscher bekannt ist. Es ist » sehr wahrscheinlich dass sie nach Westen hin auch noch jenseits » des Worringer Devonrückens an der Maas unterhalb Maastricht in » der Campine ihre Fortsetzung finden wird..... »

Ce que l'on peut traduire par :

« Dans le bassin de la Ruhr, à cette dernière selle principale, succède » encore le grand bassin plat de l'Emscher, qui est connu actuellement » en direction sur 45 kilomètres, depuis Duisbourg jusqu'au puits » Victor, à Castrop, et, vers le Nord, sur 6 kilomètres au delà de » l'Emscher. Il est très vraisemblable qu'il doit trouver aussi son pro- » longement au delà du bombement dévonien de Worringen, sur la » Meuse, en aval de Maestricht, dans la Campine..... »

L'étude de Gurlt, fortement documentée et étayée d'arguments stratigraphiques nouveaux, autrement précis que ceux de ses prédécesseurs, émut-elle davantage le monde savant ? Pas du tout, et cela n'est nullement étonnant; elle ne faisait que confirmer la manière de voir résultant de la lecture des cartes géologiques, **manière de voir qui n'a jamais été combattue par personne.**

Mais comment expliquer l'indifférence générale? Comment expliquer que, pour nous servir des propres expressions de la *Revendication* à laquelle nous répondons, « la Nouvelle Société de recherches et d'exploi- » tation n'ait pas été devancée depuis longtemps? » Pourquoi M. Dumont lui-même n'a-t-il pas publié une seule ligne, pour secouer cette apathie, depuis 1877 jusqu'en 1898, c'est-à-dire jusqu'à l'achèvement du sondage de Lanaeken, alors que, en sa qualité de membre de la Société géologique, il avait, comme tout autre, le droit d'y provoquer un débat sur la question?

Les raisons de cette abstention sont multiples, et nous en trouvons plusieurs dans les publications précitées de MM. Lambert et Dumont.

« Si la recherche du prolongement du bassin Belge vers le Nord n'a » pas eu lieu plus tôt », écrit le premier, « c'est *qu'elle n'avait* pour » ainsi dire *qu'une valeur scientifique* ».

« Jusqu'au jour où le mineur aura trouvé le moyen de percer les » sables d'une nature ébouleuse, à de grandes profondeurs, » publie M. Dumont, « la constatation du terrain houiller, dans le nord de la » Belgique, sera *sans intérêt au point de vue industriel*. Néanmoins » le profit qu'en retirerait la science compenserait largement la dépense » à faire pour établir quelques sondages dans le nord de notre pays ».

A quoi se réduit, dans ces conditions, la prétention émise par la Nouvelle Société de recherches d'attribuer à M. A. Dumont la priorité scientifique de la découverte de tout le bassin houiller de la Campine?

***

Faisons même abstraction des travaux des frères Castiau et de M. J. de Macar, pour n'envisager que ceux de MM. G. Lambert et A. Dumont, et voyons si la « conception très personnelle » de ce dernier « concorde absolument avec les découvertes de 1901-1903 », comme le prétend la *Revendication*.

M. Guillaume Lambert, en savant prudent, s'était borné à émettre, sous forme dubitative, une prévision volontairement très vague. M. Dumont voulut préciser davantage :

« Nous pensons donc », écrit-il, « pouvoir en conclure qu'il existe dans

» le Limbourg hollandais un bassin houiller d'au moins deux lieues et » demie de longueur et d'une largeur considérable. De nouvelles » recherches, *à l'ouest*, nous apprendront probablement plus tard » jusqu'où ce bassin s'étend dans cette direction ». Plus loin, il ajoute : « La direction générale des couches semble être du *N.-E. au S.-O.* et » leur pente comme celle du bassin, dans la région exploitée, se fait » selon toute apparence vers le *N.-O.* » (1).

Les recherches du Limbourg hollandais étaient alors limitées à la région comprise entre Kerkrade, au Sud, Klimmen et Wijnandsrade, au Nord. Le bassin étant, suivant M. Dumont, dirigé du Nord-Est au Sud-Ouest et les recherches devant être poursuivies vers l'Ouest, il en résulte que la partie exploitable du nouveau bassin belge devait se rencontrer dans le territoire compris entre Maestricht et Hoesselt, au Sud, Neerharen et Diepenbeek, au Nord. **Les récentes recherches de Lanaeken et de Hoesselt,** comprises dans ce territoire, ont prouvé, sans conteste, la non-existence du terrain houiller exploitable dans cette région, et **ont ainsi fourni la preuve indiscutable que la « conception très personnelle » de M. A. Dumont, en 1877, était erronée**; c'est beaucoup plus au Nord que fut découvert le bassin houiller de la Campine.

***

La Nouvelle Société de recherches, dans sa *Revendication*, conteste à MM. J. Urban, V. Putsage et E. Flasse, les trois auteurs du sondage de Lanaeken, la découverte du nouveau bassin houiller, sous prétexte que ce sondage ayant « abouti au terrain houiller improductif, ce » résultat ne jette aucune lumière sur la question » ; ils ajoutent que « les travaux de Lanaeken n'émurent point la Société géologique » qui continua à garder le silence ».

Quelques citations suffiront pour éclairer le lecteur sur ces affirmations.

(1) M. Fr. Cornet contestait déjà, le 19 mai 1877, ces conclusions de M. Dumont relatives à l'allure du bassin houiller du Limbourg hollandais (*Ann. Soc. géol. de Belg.*, t. IV, pp. 139-142), et terminait son mémoire par le passage reproduit dans la *Revendication* et rappelé dans la note de la page 28.

On lit, dans le procès-verbal de la séance du 18 décembre 1898 de la Société géologique de Belgique (*Annales de la Société géologique de Belgique*, tome XXVI, p. LXV) :

« Une discussion *sur le sondage de Lanaeken* et le prolongement, » dans le Limbourg, du bassin houiller de Liége, s'engage ensuite. » Il est décidé que cette discussion sera reprise à la prochaine séance, » à laquelle seront invités les membres des Associations des ingé- » nieurs sortis des écoles de Liége, de Louvain et de Mons. MM. J. » Cornet, G. Dewalque, M. Lohest et G. Velge se sont fait inscrire » pour cette discussion ».

Il est à remarquer que le résultat du sondage de Lanaeken était, à cette date, tenu absolument secret. M. Jules Cornet, le géologue bien connu, nous avait appris, à cette séance, *en demandant que la chose ne fût pas publiée pour le moment*, que l'on avait rencontré au sondage de Lanaeken, à partir de 272 mètres de profondeur, un *phtanite pyritifère*, appartenant, sans conteste possible, au Houiller inférieur; cette roche, d'une épaisseur de 5 mètres environ, surmontait du Calcaire carbonifère. M. Cornet ajoutait qu'il avait *vu* les échantillons de l'un et de l'autre terrain, échantillons qui sont, actuellement, en sa possession; la coupe du sondage de Lanaeken ne parut, dans les *Annales des Mines de Belgique*, que dans le numéro de mars 1899.

Osera-t-on encore prétendre qu'elle ne jetait aucune lumière sur la question, cette découverte depuis longtemps attendue, dont l'annonce, quoi qu'en dise la Nouvelle Société de recherches, provoqua, à la Société géologique, une émotion telle que, sur l'heure, on décida de convoquer à une séance spéciale tous les ingénieurs du pays, pour leur en faire connaître la véritable signification ?

Veut-on d'autres preuves de son importance? Coup sur coup, M. M. Mourlon, directeur du Service géologique de Belgique et M. E. Van den Broeck, secrétaire général de la Société belge de géologie de Bruxelles, savants qui, jusqu'alors, n'avaient rien publié sur l'existence possible d'un bassin houiller dans le nord de notre pays, prononcent les paroles suivantes, à la séance du 4 février 1899 de la Société royale malacologique de Belgique (*Annales de la Société royale malacologique de Belgique*, t. XXXIV, pp. XXIV-XXVII).

«...ne peut-on pas entrevoir aussi la possibilité d'y rencontrer (en » Campine) par quelque sondage profond, entre les assises tertiaires

» et secondaires d'une part, et le plancher siluro-cambrien d'autre
» part, quelque gisement de terrain houiller reliant ceux de la West-
» phalie avec les dépôts analogues qui s'observent sur leur prolonge-
» ment en Angleterre.» (M. Mourlon.)

« La région de la Meuse paraît donc coïncider avec un relèvement ou
» un anticlinal dans la disposition générale de nos nappes tertiaires
» et il est certain que cette disposition est intéressante à constater dans
» ses relations éventuelles avec les recherches qui se font actuelle-
» ment au sujet de l'extension du terrain houiller dans le Limbourg
» belge.» (E. Van den Broeck.)

Il n'est peut être pas inutile de faire remarquer aussi, que **c'est après l'achèvement du sondage de Lanaeken** — lequel était, le 30 juin 1898, dans le Houiller inférieur, à la profondeur de 275 mètres, et **qui fut terminé vers le 15 juillet 1898** — et non pendant son exécution, comme le déclare la *Revendication*, **que fut fondée**, par M. Dumont, **le 12 octobre 1898, la Société anonyme de recherches et d'exploitation, qui commença le sondage d'Eelen, le 22 février 1899**, et non le 16 décembre 1898, comme l'affirme la *Revendication* (1). Serait-il audacieux de supposer que **le résultat atteint à Lanaeken ne fut pas sans influence sur le choix de l'emplacement de ce dernier sondage ?**

***

Ici se place, dans la *Revendication*, une accusation dont nous laissons la responsabilité aux auteurs :

« Il se passa un temps assez long en négociations avec des son-
» deurs et le sondage d'Eelen ne fut commencé que le 16 décembre
» 1898 ; c'est à cette époque que la Société géologique entra en scène.
» Elle n'avait pas jugé digne d'intérêt les mémoires de 1876 et de
» 1877 et le sondage de Lanaeken, qui a duré deux années, l'avait
» laissée indifférente. Il s'agissait pourtant d'un problème dont la
» solution heureuse devait être, pour le pays, la source d'une richesse

(1) Il importe de ne pas confondre les *préliminaires* d'un sondage (acquisition ou location du terrain, sa clôture, transport du matériel, etc.), qui passent aisément inaperçus, avec l'*exécution* du sondage, travail visible, qui ne laisse aucun doute sur le but poursuivi.

» colossale. *Mais ce ne fut que quand la Société de recherches, » groupée autour de M. Dumont, se prépara à faire son premier son- » dage, que soudain, semble-t-il, la question devint intéressante......

» A la réunion de la Société géologique du 18 décembre, une discus- » sion surgit, en dehors de l'ordre du jour, à la fin de la séance, sur » le sondage de Lanaeken et le prolongement, dans le Limbourg, du » bassin houiller de Liége. *Prolongement du bassin houiller de Liége.* » Voilà la vérité! Voilà ce que pensaient les géologues en 1898! Ils ne » comptaient que sur l'extension du bassin liégeois vers le Nord et » nous allons voir bientôt quelle importance ils lui attribuaient.

» Dans la même séance, il fut décidé que la discussion serait reprise » ultérieurement et que la question serait mise à l'ordre du jour » d'une séance spéciale extraordinaire, à laquelle toutes les associations » d'ingénieurs, d'industriels, etc., seraient convoquées. *Il fallait que » la Société géologique prît position et fût prête à tout événement* ».

Il faudrait, tout au moins, quand on porte une accusation semblable, qu'elle fût étayée par des arguments sérieux et qu'il y eût un peu de logique dans son exposé.

Quelle vraisemblance y a-t-il, d'abord : 1° que les promoteurs de la discussion sur le terrain houiller à découvrir — nous verrons plus loin ce qu'il était — eussent connaissance de la fondation de la Société de recherches; 2° que, de plus, ils eussent appris son objectif exact; 3° qu'ils eûssent enfin été informés, le 18 décembre 1898, de ce que les préliminaires d'un forage avaient été posés l'avant-veille (d'après la *Revendication)* à Eelen, malgré le secret dont on entoure généralement ces préliminaires?

Mais si l'on admet même cette invraisemblance, on se trouve en présence d'un dilemme : 1° ou bien ces promoteurs n'envisageaient que la possibilité d'une prolongation minuscule du bassin houiller de Liége vers le Nord, et alors ils ne devaient attribuer aucune importance au sondage d'Eelen, situé à plus de 30 kilomètres du bassin de Liége; 2° ou bien ils accordaient une grande importance au sondage d'Eelen; dans ce cas, c'est qu'ils admettaient que le bassin à découvrir devait au moins s'étendre jusque là; leur conception concordait, dans ce dernier cas, avec la réalité qui ne fut constatée que deux ans et demi plus tard.

Le rapprochement des deux passages suivants, distants l'un de l'autre de quelques lignes, dans la *Revendication*, montre d'ailleurs une singulière contradiction :

A « Mais *ce ne fut que quand la Société de recherches*, groupée autour » de M. Dumont, *se prépara à faire son premier sondage, que* soudain, » semble-t-il, *la question devint intéressante pour la Société géologique.*»

B « La vérité est que *nous avions une tout autre conception du bassin » houiller que les membres de la Société géologique*, que nous tenions » la leur pour erronée et qu'eux, à leur tour, tenaient notre recherche » comme absurde *puisque, dans ces savants travaux, Eelen ne fut » même pas cité.* »

La virulence de l'attaque ne démontre qu'une chose, confirmée, du reste, par le refus de M. Dumont d'assister à la séance spéciale du 21 février 1899 et par les termes de sa démission de membre de la Société géologique (voir Annexes B à E), donnée en 1902; c'est que celui-ci voulait être seul à faire des recherches en Campine, et que la publicité donnée, au profit de la nation, par la Société géologique de Belgique, aux conclusions à tirer des résultats du sondage de Lanaeken, lui fut particulièrement désagréable.

***

Quelle était donc, dans la pensée de ceux qui ont pris la parole à la séance du 21 février 1899, l'importance du « prolongement, dans le Limbourg, du bassin houiller de Liége »?

Le libellé même de l'objet de la discussion, publié dans les *Annales de la Société géologique de Belgique* (t. XXVI, p. LXXX), suffit à le faire connaître : “ *Probabilité de la présence du terrain houiller au Nord „ du bassin de Liége* „. Il ne s'agit donc pas d'un simple “ *prolongement* „ du bassin houiller de Liége, mais de l'existence d'un nouveau bassin, situé au nord de celui-ci. Et s'il peut subsister quelque doute sur ce point, il sera levé immédiatement par la lecture du titre, plus explicite encore, de la publication spéciale réunissant tous les travaux relatifs à l'objet du litige, parus dans le tome XXVI des dites *Annales*, titre que la *Revendication* se garde bien de faire connaître, et pour cause : “ **Sur la probabilité de l'existence d'un nouveau bassin houiller au nord de celui de Liége et questions connexes** „ (Liége, imprimerie H. Vaillant-Carmanne, 1899, 90 pages, 4 planches).

Les premiers mots du résumé de la communication faite par M. Lohest à la séance du 19 février 1899 ne sont pas moins catégoriques : « Deux catégories d'arguments militent en faveur de la présence *d'un » nouveau bassin houiller au nord de celui de Liége*.... » (*loco citato*, p. LXXXI).

Les termes dont on s'était servi d'abord sont-ils, du reste, erronés ? Nullement. Ce sont les propres expressions dont s'était servi M. G. Lambert en 1876 : « prolongement du bassin Belge vers le Nord ».

Revenons à la communication de M. M. Lohest et citons en quelques passages :

« La question que nous nous proposons d'étudier est celle de savoir » si les terrains siluriens et cambriens situés au Nord de nos bassins » houillers se poursuivent indéfiniment dans cette direction sous les » terrains secondaires et tertiaires, ou si l'on peut espérer qu'il existe, » à une certaine distance au Nord de la formation houillère connue, » un plissement du silurien analogue à celui du Sud, plissement » impliquant la réapparition des terrains carbonifères [1] » (*loco citato* p. LXXXII).

« L'examen des ondulations du terrain houiller en Westphalie » démontre, en effet, que nous ne possédons, en Belgique, que l'équi- » valent des ondulations du Sud du bassin westphalien, celles du Nord » restant à découvrir » (*loco citato*, p. LXXXIII).

» Peut-être, également, le terrain houiller se trouve-t-il, vers le » Nord, enfoncé sous une épaisseur si considérable de terrains secon- » daires et tertiaires, qu'on ne puisse songer à l'exploiter à cette » profondeur.

» La question, on le conçoit, est excessivement compliquée *et je » n'en examinerai que le point de départ*, celui du prolongement NW. » du bassin de Liége » (*loco citato*, p. LXXXIV).

« Le récent sondage de Lanaeken.... vient jeter beaucoup de lumière » dans la question ;... entre Visé et Lanaeken, il existerait une selle de » terrain houiller inférieur et de calcaire carbonifère, impliquant une » allure des couches Nord-Sud, ainsi que l'existence d'un bassin houiller, » à l'Ouest d'une ligne reliant Visé à Lanaeken..... Mais la question » est encore problématique et un sondage bien placé l'éclaircirait

[1] Le terrain houiller est la partie supérieure des terrains carbonifères.

» beaucoup. Je préconiserai une recherche aux environs d'Eben-
» Emael.... ; à Eben, on a toute chance de rencontrer du terrain
» houiller. Sera-t-il exploitable? Je n'en sais rien. Mais les observations
» faites sur son allure et sa direction offriront un puissant intérêt
» tant scientifique qu'industriel. De ces observations, on pourra déduire
» facilement s'il convient de continuer ou d'abandonner des recherches
» *dans cette direction....* Il serait désirable de voir le Gouvernement
» s'en occuper, de manière à assurer à cette étude *toutes les garanties*
» *scientifiques désirables.*» (*loco citato*, pp. LXXXV-LXXXVI).

Voilà, pensons-nous, la question nettement posée. Les terrains siluriens et cambriens n'étaient reconnus, à la date de cette communication, que jusque Horion-Hozémont au Sud et Nieuwerkerken, lez St-Trond, au Nord; toute la région située à l'est de ces deux localités était encore inexplorée. M. Lohest admet la probabilité de l'existence du terrain houiller au nord de ce Siluro-Cambrien, où il formerait des ondulations correspondant à celles du nord de la Westphalie; mais, agissant scientifiquement et non au juger, à la façon des sourciers ou des chercheurs de trésors, il préconise des recherches méthodiques, partant du connu pour se diriger vers l'inconnu, et dont une première, placée à Eben-Emael, aurait éclairé sur l'emplacement à donner à la deuxième, laquelle fournirait les éléments scientifiques du choix de la troisième, et ainsi de suite. Ces recherches, peu coûteuses vu la faible épaisseur des morts-terrains, et effectuées avec « *toutes les garanties scientifiques désirables* », se seraient faites dans l'intérêt de la nation et non, comme celles des deux Sociétés de recherches, dans un intérêt exclusivement privé. Voilà le but poursuivi par les promoteurs de la discussion, nettement défini. Et que l'on ne dise pas, comme le prétend la *Revendication,* que la recherche d'Eben eût été un échec; un coup d'œil jeté sur les plus récentes cartes de la Campine, montre que l'on aurait, selon toute probabilité, rencontré le terrain houiller; cette petite recherche, peu coûteuse, nous le répétons, eût-elle même échoué, que l'on aurait poursuivi l'exploration *dans une autre direction,* à une certaine distance au nord de Lanaeken, selon nos prévisions, assez nettement indiquées pour qu'un géologue ne pût s'y méprendre. Si les auteurs de la *Revendication* ne l'ont pas compris, cela ne peut provenir que du dédain dans lequel ils tiennent la science géologique, dédain que révèle, pour ainsi dire, chacune des lignes de leur mémoire.

Abordons l'examen de la communication de M. A. Habets, succédant immédiatement à celle de M. M. Lohest, qu'elle complète. Il faudrait reproduire en entier cette note très condensée; nous nous bornerons à la résumer. M. A. Habets (*loco citato*, pp. LXXXVI-XCI) rappelle qu'en Westphalie, la formation houillère comprend cinq ondulations successives, de plus en plus larges et profondes, à mesure que l'on s'avance vers le Nord. La première au Sud est le bassin de Herzkamp ou de Witten ; elle a pour équivalent, en Prusse, le bassin de la Worm et, en Belgique, celui de Liége-Charleroi-Mons; dans ces deux dernières régions existent, plus au Sud encore, les bassins d'Eschweiler et du Condroz, qui ne seraient pas représentés en Westphalie; la deuxième ondulation westphalienne est le synclinal de Bochum-Dortmund, dans le prolongement de l'axe duquel se trouve le bassin du Limbourg hollandais; cet axe, continué hypothétiquement en ligne droite, « passe près » de Maestricht et s'étend de cette localité vers le Sud-Ouest. C'est » le long de cet axe que des sondages auraient, semble-t-il, le plus de » chances de succès, si la nature des morts-terrains ne présente pas » des difficultés obligeant à s'en écarter. » Le troisième bassin westphalien est celui d'Essen; le quatrième, celui de l'Emscher, et le cinquième, dont la reconnaissance se fait encore actuellement par sondages, est celui de la Lippe.

Ne saute-t-il pas immédiatement aux yeux que les recherches préconisées par M. A. Habets au sud-ouest de Maestricht ne sont autres que la *première reconnaissance* d'Eben-Emael de M. Lohest, destinée à faire découvrir, en Belgique, le prolongement du synclinal de Bochum et du Limbourg hollandais [1], et qu'elles n'eussent été que la préparation de sondages à effectuer plus tard, pour trouver, dans notre Limbourg, l'équivalent des bassins westphaliens d'Essen, de l'Emscher et même de la Lippe? Sinon, pourquoi M. A. Habets se serait-il étendu si longuement sur ces trois dernières ondulations du nord de l'Allemagne.

La méthode de MM. M. Lohest et A. Habets est donc identique; c'est

(1) Le sondage exécuté à Hoesselt, d'après nos conseils, par une Société de recherches, a démontré que le prolongement en question, s'il existe chez nous, est probablement trop restreint pour être exploité avantageusement.

la méthode scientifique: partir du connu pour aller à l'inconnu. Mais les auteurs de la *Revendication* ne semblent pas l'avoir compris. C'est donc à tort, selon nous, et nous sommes, en cela, d'accord avec nos honorables contradicteurs, que l'on a « affirmé que la Société de re- » cherches avait été guidée par les travaux de la Société géologique, » travaux publiés », c'est exact, « après le commencement du sondage » d'Eelen ».

Mais, ce qui est inexact, c'est que nous ayions tenu cette recherche comme *absurde*; quand elle vint, beaucoup plus tard, à notre connaissance, nous l'envisageâmes seulement comme prématurée et comme placée beaucoup trop au Nord, étant donné l'énorme épaisseur de morts-terrains à traverser, épaisseur que l'on pouvait déduire, pour ainsi dire mathématiquement, de la carte du relief du sous-sol primaire, publiée, en 1899 également, par le troisième d'entre nous, M. H. Forir. Si nous ne pûmes en parler que beaucoup plus tard, le 16 mars 1902 (*Annales de la Société géologique de Belgique*, tome XXIX, pp. M 98-101), c'est uniquement par la raison que le secret — et nous n'en faisons nul grief à la Société de recherches — avait été si bien gardé, qu'aucun renseignement ne nous était parvenu sur ce sondage qui, du reste, n'a rien appris au point de vue du terrain houiller recherché. Les auteurs de la *Revendication* ont caractérisé eux-mêmes leurs recherches d'Eelen et d'Asch, en écrivant, plus loin : « Nous nous étions lancés » comme dans une mer inconnue à la recherche d'un nouveau monde »; ils auraient pu ajouter « sans boussole ».

Nous avons déjà signalé le dédain dans lequel nos honorables contradicteurs tiennent la géologie. N'écrivent-ils pas, en effet, que, dans la discussion soulevée à la Société géologique, « une très large place est » faite à des questions qui ne se rapportent que bien indirectement à » celle de l'ordre du jour » ? Visent-ils la note de M. G. Velge, d'une portée théorique : *L'allure du terrain tertiaire appliquée à la recherche de la houille*? Ou celle de M. X. Stainier : *Sur les recherches de terrain houiller dans le Limbourg néerlandais*? Ou bien encore celle de M. O. van Ertborn : *De l'allure générale du crétacé dans le Nord de la Belgique*, la seule qui conclut à la non-existence du terrain houiller dans le nord de notre pays? Ou bien s'agit-il de la note de M. E. Harzé, complétée par celle de M. H. Forir sur les *Anciennes recherches de houille à Mouland et à Mesch* (*Hollande*)? Ou encore de la communication de M. G. Dewalque sur *La faille eifélienne et son rôle de limite*, de celle de M. H. Forir sur *La faille eifélienne à Angleur* et de la question posée par M. G. Soreil sur les *Relations entre les bassins houillers belges et allemands*, question dont M. M. Lohest a indiqué la solution qui nous paraît la plus probable? Il semble pourtant évident que, si l'on parvient à raccorder exactement un premier synclinal houiller belge, avec un synclinal anglais ou allemand, la question de la probabilité de l'existence d'un autre synclinal au nord du premier est en grande partie résolue; or, c'est ce raccordement exact qui forme l'objectif de ces travaux. Nous ne nous étonnerons donc plus de ce que les auteurs de la *Revendication* n'aient su interpréter ni une carte géologique de l'Europe, ni le mémoire de Godwin-Austen, ni l'argumentation basée sur les ondulations de la Westphalie. Il semble même que ces auteurs n'ont pas saisi le parti que la plupart des chercheurs du nouveau bassin ont su tirer du mémoire de M. H. Forir sur *Le relief des formations primaires dans la basse et la moyenne Belgique et dans le Nord de la France et les conséquences que l'on peut en déduire*, mémoire accompagné d'une carte permettant de prévoir, avec une très grande approximation, la profondeur des sondages à effectuer dans le nord du pays et de déterminer, dans une notable mesure, la nature des morts-terrains que l'on rencontrerait dans ces sondages.

Ce mémoire confirme encore, aux yeux des personnes qui ne se refusent pas à comprendre, que **le but des études que nous avons entreprises en commun**, études dans lesquelles chacun de nous avait sa tâche bien délimitée, **était non seulement la découverte de bassins nouveaux, mais encore la recherche des conditions d'exploitabilité dans lesquelles ils devaient se trouver.**

On nous reproche de n'avoir pas combattu l'opinion de M. l'ingénieur des mines Vrancken, qui, d'après la *Revendication*, était d'avis que, " si „ le bassin hollandais franchit la Meuse vers le Nord, il n'occupera „ qu'une partie très restreinte de notre territoire „.

Encore une fois, la communication du 18 février 1900 de M. Vrancken n'a pas été mieux comprise que les nôtres. Elle avait pour unique objectif de faire connaître les seules déductions que l'on pouvait tirer, selon lui, tant des données acquises au sondage de Lanaeken que des résultats probables de ceux d'Eelen, d'Eben-Emael et de Lanaye.

Selon cet ingénieur, la découverte, au sondage d'Eelen en cours d'exécution, de Houiller productif ou non, ne devait pas démontrer l'existence, en Belgique, d'un bassin charbonnier important ; en effet, en admettant que le bassin du Limbourg hollandais, *orienté SE.-NW.*, *se prolongeât, en conservant cette même direction*, au delà de ses limites reconnues, il écornerait légèrement le nord de la province de Limbourg et engloberait Eelen.

Le forage de Lanaeken, où le Houiller tout à fait inférieur a été atteint, ne donnait pas, selon M. Vrancken, plus de renseignements, car il pouvait se trouver tout à fait au bord SW. de la partie improductive de ce même bassin.

Des recherches effectuées à Eben-Emael ou à Lanaye, si elles étaient suivies de succès, pourraient, de leur côté, disait-il, n'indiquer qu'un épanchement du bassin de Liége, englobant les couches de houille reconnues à Mouland et à Mesch et entourant l'îlot calcaire de Visé.

L'auteur terminait, en concluant que ses remarques n'enlevaient rien à l'intérêt d'un sondage dans cette dernière région, parce qu'il serait « *un jalon pour la découverte du nouveau bassin, dont tous s'accordent* » *à doter le sous-sol de notre Campine limbourgeoise, et qu'on n'hésite*- » *rait peut-être plus, alors, à chercher franchement vers le centre de la* » *province belge* ». (*Ann. Soc. géol. de Belg.*, t. XXVII, pp. LXXXVIII-XC).

La note de **M. Vrancken** n'avait, comme on le voit, rien de contraire à nos vues; nous n'avions donc pas à la combattre ; d'un autre côté, **avant l'achèvement du sondage d'Eelen**, elle **indiquait clairement que c'est vers le centre du Limbourg belge**, soit dans les environs d'Asch, **que l'on devait rechercher la houille**.

***

Ici prend place, dans la *Revendication*, une inexactitude tellement flagrante, qu'elle étonne de la part de ses auteurs :

« .... on préconisait des sondages à Eben-Emael ou bien le long » d'une ligne SW. partant de Maestricht et cela avec une confiance » bien faible sans doute puisque l'on se bornait à donner cette indi-

» cation sans que *ses auteurs qui, après notre succès **d'Asch**,*
» *dépensèrent des centaines de mille francs en Campine*, aient pu se
» décider à tenter les sondages qu'ils préconisaient ».

La même assertion se trouve reproduite, plus loin, à deux reprises, dans l'historique des sondages d'Eelen et d'Asch.

Mais l'on ignore donc que les gens de science ne sont, en général, ni financiers, ni hommes d'affaires, pas plus, du reste, que les financiers et les hommes d'affaires, nous venons de le montrer, ne sont, à de rares exceptions près, gens de science. A chacun son rôle. La réalité est que, si nous n'avons rien tenté *avant* la réussite d'Asch, en vue de l'exécution des travaux de recherche que nous *recommandions au Gouvernement*, nous n'avons pas fait plus de tentatives de ce genre *après* cette réussite. Nous serions curieux et enchantés de voir comment l'on pourrait montrer que nous avons « dépensé des centaines « de mille francs en Campine ». Il y a manifestement, ici, confusion de personnes. Beaucoup plus modeste a été notre intervention, lorsque, longtemps après la découverte d'Asch, des Sociétés de recherches, que nos arguments avaient éclairés et convaincus, sollicitèrent nos conseils techniques.

Il importe de rapprocher, de la phrase que nous venons de citer, deux passages qui la suivent, à peu de distance, dans la *Revendication*.

« Le sondage d'Asch recoupa rapidement d'autres couches de même
» nature. Pendant ce temps, chaque jour, des personnes rôdaient autour
» du forage, s'informaient dans la contrée et, trompant la surveillance,
» s'introduisaient dans l'enceinte du forage, cherchant à voir le combus-
» tible et à connaître les prévisions des explorateurs. Bientôt, des
» groupes liégeois vinrent sonder au nord et au sud de notre n° 1, pour
» ainsi dire dans le voisinage immédiat... »

« Et spectacle étonnant, *ce sont précisément ceux qu'on nous accuse*
» *d'avoir plagiés qui profitent les premiers des résultats que nous obte-*
» *nions à l'encontre de leurs prévisions et de leurs théories, pour venir,*
» *sans risques, sonder à côté de notre premier sondage.* »

Comment faut-il qualifier ce genre de polémique, lorsqu'il émane de personnes qui ne peuvent ignorer que nous sommes absolument étrangers aux recherches avoisinant le sondage d'Asch, et qui feignent, cependant, de nous confondre avec les auteurs de ces recherches ?

***

Il est de notoriété publique, qu'à des profondeurs aussi considérables que celle à laquelle on a découvert la houille en Campine, le creusement des puits d'extraction peut être considéré comme impraticable, dans l'état actuel de l'art du mineur, si les terrains surmontant le gîte sont très épais, très ébouleux et, en même temps, très aquifères. L'un de nous a suffisamment caractérisé ces difficultés devant la Société géologique (*Ann. Soc. géol. de Belg.*, t. XXIX, pp. M 90-93).

Il est donc indispensable, pour permettre de juger de l'exploitabilité du gîte, de faire connaître très exactement la nature de ces morts-terrains et l'épaisseur de chacun d'eux.

Or, il suffit de consulter, dans les *Annales des mines de Belgique,* les notes mises au bas des coupes des sondages effectués par les deux Sociétés de recherches, pour constater que le *Service géologique* n'a eu entre les mains aucun échantillon des morts-terrains de ces sondages et qu'il a dû faire ses déterminations uniquement d'après la copie des carnets de sondeurs. Ces sondages sont : nº 1, à Asch ; nº 2, à Asch ; nº 3, à Op-Glabbeek ; nº 4, à Genck (Waterscheid) ; nº 7, à Houthaelen ; nº 13, à Genck et nº 31, à Eelen.

Quelle confiance peut-on avoir dans les désignations de roches données par ces praticiens, la plupart étrangers, sans expérience des formations souterraines de notre Campine, alors surtout que les procédés de forage qu'ils ont employés, sont tellement défectueux, au point de vue de la reconnaissance des terrains traversés, qu'ils ne peuvent permettre aucune constatation sérieuse ?

Et que l'on ne prétende pas que les avertissements ont manqué? Nous voulons bien faire abstraction de l'avis formulé par M. M. Lohest, le 19 février 1899, en ces termes : « Il serait désirable de voir le Gouvernement s'en occuper, de manière à *assurer à cette étude toutes les garanties scientifiques désirables* » (*Annales de la Société géologique de Belgique,* tome XXVI, page LXXXVI), avis dont le sens a, sans doute, échappé aux auteurs de ces sondages.

Mais, le 21 mai 1901, M. le baron O. van Ertborn proteste contre le défaut complet ou presque complet d'échantillons des terrains traversés dans les forages de Lanaeken et d'Eelen (*Bulletin de la Société belge de géologie*, tome XV, *Procès-verbaux*, pp. 381-382).

Le 16 février 1902, M. M. Mourlon, directeur du *Service géologique de Belgique*, fait connaître aux intéressés, par une circulaire contresignée par M. le Directeur général des mines, combien il serait désirable que, dans chaque sondage de la Campine, on réunît une série complète d'échantillons des terrains traversés. Cet appel est publié dans les *Annales de la Société géologique de Belgique* (tome XXIX, pp. B 122-123) et reproduit, deux jours après, sous une forme un peu différente, dans le *Bulletin de la Société belge de géologie* (tome XIV, *Procès-verbaux*, pp. 50-57).

Le 16 mars 1902, c'est M. E. Harzé, l'éminent directeur général honoraire des mines, qui s'élève contre l'assaut de vitesse auquel se livrent les sondeurs, et qu'il considère comme « une puérilité », étant donné « l'importance d'un échantillonnage bien net des formations traver- » sées »; car il importe de savoir si les morts-terrains, à cause de leur nature et de leur épaisseur, ne rendent pas le terrain houiller inaccessible et, par conséquent, non concessible aux yeux de la loi (*Annales de la Société géologique de Belgique*, tome XXIX, pp. M 112-119).

Puis, le même jour, M. Paul Habets, que son expérience acquise dans les sondages effectués en Campine par la Société charbonnière qu'il dirige, autorisait spécialement à prendre la parole à ce sujet, s'étend longuement sur les conditions défectueuses de la récolte des échantillons des morts-terrains, causées par la rapidité des forages (*Ibidem*, tome XXIX, pp. M 120-123) et la Société géologique « émet, à » l'unanimité et par des acclamations prolongées, le vœu de voir le » Gouvernement accorder plus d'importance, pour l'octroi des con- » cessions en Campine, au soin apporté par les sondeurs dans la récolte » et la détermination d'échantillons des terrains de recouvrement qu'à » la rapidité avec laquelle les sondages ont été exécutés. » (*Ibidem*, tome XXIX, pp. B 135-136).

Heureusement, d'autres explorateurs sont venus combler la lacune, et ont permis, par le bon échantillonnage de leurs propres reconnaissances, de déterminer, avec une approximation tout au moins suffisante, la coupe des morts-terrains, même dans les sondages exécutés par les Sociétés précitées.

***

Voyons maintenant jusqu'à quel point la Nouvelle Société de recherches a quelque raison de revendiquer le titre d'inventeur du bassin campinois ***tout entier***.

Dans l'intervalle des recherches d'Eelen et d'Asch, les sondages se poursuivaient méthodiquement dans les Pays-Bas, à l'ouest du territoire réservé par le Gouvernement de ce pays, et en se rapprochant de plus en plus de la Belgique. Le 1er décembre 1900, un forage est commencé à Daniken (Geleen); le 10 avril 1901, un autre est établi à Lutterade (Geleen); le 11 octobre 1901, vient le tour d'un troisième à Graetheyde (Lutterade) à 1 760 mètres du territoire belge; puis successivement, on fore le 19 mars 1902 à Krawinkel (Geleen); le 18 août 1902, aux confins des limites de Beek et d'Elsloo, à 1 800 mètres de notre frontière et, le 19 janvier 1903, à Stein, à 1 040 mètres de la Meuse. Tous ces sondages, entrepris par les mêmes personnes, recoupent des couches de houille. N'ont-ils pas démontré, sans conteste, l'existence du précieux combustible en Belgique, et le mérite de la Nouvelle Société de recherches ne consiste-t-il pas seulement à avoir devancé, de très peu de temps, une découverte que la méthode plus scientifique des sondeurs hollandais rendait inévitable ?

De deux choses l'une, ou bien on doit admettre l'importance des arguments scientifiques et, alors, c'est le sondage de Lanaeken qui a fait découvrir le bassin de la Campine, ou bien l'on n'accepte que les arguments de fait et, dans ce cas, chaque sondeur est seul inventeur, à l'endroit où il a effectué sa recherche.

Pour étayer sa *Revendication*, la Nouvelle Société de recherches s'appuie sur les forages exécutés, pour le compte de tiers, par le procédé Raky, dont M. Dumont est, paraît-il, le représentant pour une partie de la Belgique, et c'est ainsi qu'elle en arrive à prétendre qu'elle a reconnu le bassin tout entier, depuis la Meuse jusques et y compris la province d'Anvers, où M. Raky traitait directement avec les chercheurs, alors qu'en réalité, ses efforts propres se sont limités, en dehors de la recherche d'Eelen qui n'a rien fait connaître, à la petite région comprise entre les sondages no 3 près de Niel, nos 1 et 2 près d'Asch, nos 4 et 13 entre Asch et Houthaelen et no 7 près de cette dernière localité, c'est-à-dire à un triangle dont la base a quinze kilomètres de longueur environ, la hauteur, tout au plus trois kilomètres, et la superficie, 2 175 hectares approximativement ; et encore, faut il reconnaître que, si les sondages n°s 1, 2 et 3 sont si rapprochés qu'un seul d'entre eux eût pu suffire, les forages n°s 7 et 13 sont distants l'un de l'autre d'environ huit kilomètres et demi.

Comprenant, sans doute, la fragilité de leur argumentation, les auteurs de la *Revendication* écrivent, plus loin :

« La découverte du terrain houiller à Houthaelen fut un second » événement d'importance presque aussi grande que celui du mois » d'août 1901. En effet, il démontrait que le gisement d'Asch ne constituait pas un dépôt local, mais appartenait, ainsi que M. Dumont » l'avait pensé, à un bassin important ».

Certes, cette découverte eût eu une grande importance, si le sondage d'Asch avait été isolé et si la connaissance déjà complète du bassin houiller du Limbourg hollandais n'avait démontré, à suffisance, la continuité du gisement.

Ici prend place, dans la *Revendication*, une nouvelle affirmation :

« ... la faible inclinaison des strates, ainsi que la nature des roches » houillères nous permirent de conclure que, non seulement *le bassin » houiller s'étendait sans solution de continuité depuis la Meuse mais » très probablement aussi, conformément à l'opinion exprimée par » M. Dumont en 1877, sous le territoire de la province d'Anvers* ».

Dans la brochure visée, M. Dumont signale le passage probable d'une bande houillère, partant du Limbourg hollandais et passant « sous les formations plus récentes du nord de la Belgique, puis dans » le voisinage de Londres pour aller constituer les bassins du Centre » de l'Angleterre. Il est évident », ajoute-t-il très sagement, « que ce » tracé est tout à fait théorique et qu'il ne comporte nullement l'existence du gisement de houille sur tout son parcours. *Il est fort probable que* sur une telle étendue, par suite de soulèvements postérieurs à la formation houillère, *il y a des solutions de continuité* » peut-être même considérables ».

Où donc est-il question de la province d'Anvers, dans ce vague énoncé ? Où est surtout l'indication d'un bassin sans solution de continuité ? C'est précisément le contraire que la brochure de 1877 annonce comme très probable.

Encore une autre affirmation de la *Revendication* :

« Nous étendîmes nos recherches plus à l'Ouest et le 2 août 1902, » nous recoupions la première couche de houille au sondage de » Genendyck, tout à l'extrémité ouest du Limbourg. En un an, jour » pour jour, nous avions découvert tout le bassin limbourgeois ».

Tout d'abord, ce n'est pas la Nouvelle Société de recherches, mais la Société campinoise pour favoriser l'industrie minière, qui a fait exécuter ce sondage par la firme Raky. Si M. Dumont y est intervenu, c'est peut-être comme représentant de cette firme, ce qui est tout différent; ensuite, le forage de Genendyck est compris entre ceux de Beeringen (Limbourg) et de Zittaert (Anvers) et la houille avait été rencontrée dans le premier, le 4 juin 1902, dans le second, le 16 juillet 1902, donc bien avant que le précieux combustible eût été atteint à Genendyck.

Or, **les deux sondages de Beeringen et de Zittaert furent les deux premiers effectués sur nos conseils**; ils étaient à une distance beaucoup plus considérable vers l'Ouest, de ceux de la Nouvelle Société de recherches, que ceux-ci ne le sont des forages du Limbourg hollandais et ils constituaient, ainsi que nous l'avions déclaré dans nos rapports aux Sociétés qui nous consultaient, des jalons destinés uniquement à déterminer l'emplacement d'autres reconnaissances, en cas d'insuccès. On fit, ultérieurement, un autre sondage dans cette région et nous en déterminâmes scientifiquement l'emplacement; c'est celui qui est désigné, dans les *Annales des mines*, sous le n° 48, à Coursel, et, soit dit en passant, c'est le plus riche de toute la Campine (1).

Que devient donc l'affirmation suivante :

« Au cours de l'exécution de ces travaux, des groupes d'explo- » rateurs se constituèrent à côté du nôtre : *nous y trouvons les repré-* » *sentants les plus autorisés de la Société géologique. Nous les avions*

(1) *Les seuls autres sondages exécutés sur nos conseils sont :*

1° Celui de Hoesselt (n° 44), destiné à reconnaître l'existence très problématique d'un synclinal équivalent de ceux de Bochum (Westphalie) et du Limbourg hollandais. Voici ce que l'un de nous publiait, à cet égard, le 16 mars 1902 (*Annales de la Société géologique de Belgique*, t. XXIX, p. M90) : « Faut-il également en conclure que le bassin de Bochum existe » en Belgique au nord-ouest de Visé? Nous ne serions pas éloigné d'y croire. L'allure nord-sud » des couches de houille reconnues à Haccourt semble indiquer que le bassin houiller de » Liége contourne le massif siluro-cambrien du Brabant, dont un point très oriental vient » d'être reconnu à Xhendremael. Y a-t-il là l'amorce d'un détroit compris entre ce massif et » celui de Visé, auquel un épanouissement nord-est—sud-ouest ferait suite? Cela n'est pas du

» *devancés partout dans le Limbourg.* Comment pourraient-ils prétendre » au titre d'inventeurs, puisque leurs travaux ne faisaient que suivre » les nôtres et qu'ils n'ont jamais découvert, mais seulement constaté » après nous? »

Nous venons de montrer que cette dernière allégation est erronée. Quant au titre d'inventeurs du nouveau bassin, nous ne nous sommes jamais donné le ridicule de le revendiquer; nous mettons nos honorables contradicteurs au défi de prouver le contraire.

***

Un dernier mot de réponse à la *Revendication*, concernant l'existence du terrain houiller dans la province d'Anvers :

« Il nous restait à aborder la province d'Anvers. Déjà, en prévision » des recherches qu'on ferait dans cette région, quelques-uns, mus pro- » bablement par une ambition qu'on ne pourrait blâmer, rompirent le » silence de jadis et émirent des avis et des conseils au sujet de la » Campine anversoise. Il fut dit qu'au nord d'Anvers on rencontrerait » probablement le terrain houiller moins profondément que dans le » Limbourg. On fit grand état d'une carte hypothétique de la surface » du Primaire dans le nord de la Belgique. M. Harzé proposa un » sondage à Knocke. Bref, on se lançait dans la voie des prophéties. » On indiquait aux futurs explorateurs la voie à suivre, de telle façon » que ceux-ci n'avaient plus qu'à tirer profit de ces indications. *Nous » tenons à dire que nos prévisions ne concordent pas avec celles de ces » savants. L'avenir décidera qui s'est trompé !* »

La *Revendication* fut adressée au Gouvernement, le 30 mars 1903: or, à cette date, les résultats peu brillants des sondages de la province d'Anvers étaient bien connus; les auteurs de la *Revendication* ne

» tout impossible ; *cependant on ne peut se dissimuler que le grand développement du massif » primaire du Brabant peut être invoqué, sinon contre cette hypothèse, tout au moins contre » celle d'une grande extension de ce bassin qui reste à trouver* ».

2° Celui de Kelgterhof (Houthaelen) (n° 47), dont l'emplacement fut déterminé à la demande d'un groupe de propriétaires, donc dans des conditions très spéciales.

3° Celui de Lanklaer (n° 46) qui a recoupé une très riche zone charbonnière, et celui de Stockheim (n° 52), qui devait, d'après les rapports fournis par nous avant son exécution, atteindre le Houiller sous la plus petite épaisseur de morts-terrains de tout le bassin. Cette prévision s'est pleinement réalisée.

couraient donc pas grand risque de se tromper, en faisant connaitre leurs prévisions *a posteriori*.

Examinons ensuite, point par point, le restant du paragraphe. Nous supposons bien que ce n'est pas nous que l'on vise quand on déclare qu'en 1902, nous nous décidons à rompre le silence de jadis; ce serait aller à l'encontre des faits et des déclarations faites précédemment dans la *Revendication* elle-même. Mais on se moque très habilement de nos prévisions concernant l'épaisseur des morts-terrains dans la province d'Anvers, prévisions émises, du reste, sous une forme dubitative et non réalisées. Ici, l'on a très beau jeu; ces prévisions étaient basées sur un renseignement erroné, publié dans un autre recueil (*Bull. Soc. belge de géol.*, t. XV, *Proc.-verb.*, pp. 97-107, 26 février 1901), à savoir la prétendue rencontre du terrain cambro-silurien au puits artésien de Malines, à la cote de — 212^{m}.70, alors qu'en réalité, il ne doit se trouver, sous cette ville, qu'à la profondeur approximative de 310 à 335 mètres sous le niveau de la mer; mais nos contradicteurs ignorent vraisemblablement — nous nous étions cependant exprimés très clairement à cet égard — qu'en géologie, on ne peut indiquer que des probabilités et non des certitudes. Plus loin ils attribuent à M. E. Harzé le projet de sondage au nord de Knocke, qui nous appartient en propre, et que nous n'avons ni fait exécuter à nos frais, ni même recommandé aux personnes qui ont bien voulu nous consulter. C'est que la manière de procéder est bien différente, selon que les recherches sont effectuées par le Gouvernement — comme nous l'avions préconisé — ou par des particuliers. Le premier doit chercher à déterminer les grandes lignes de l'allure du bassin: les seconds n'ont nul intérêt à cela; ils n'ont d'autre objectif que d'obtenir une concession fructueuse. Or, voici ce que nous publiions, à cet égard, le 16 mars 1902 :

« Dans ce genre d'investigations, deux systèmes peuvent être pra» tiqués : faire des travaux de recherche au voisinage d'un point » connu, ou se porter à une grande distance de cette indication. La » première façon de procéder est, évidemment, moins hasardeuse que » la seconde; mais celle-ci présente cependant aussi des avantages, sur » lesquels il est inutile d'insister.

» Dans ce dernier cas, un sondage placé à l'extrémité du littoral » belge, au nord de Knocke, fournirait certainement des renseigne-

» ments précieux, tant pour la Belgique que pour la Hollande, *même* » *si, au point de vue du terrain houiller, il n'apportait que des* » *conclusions négatives* ». *Annales de la Société géologique de Belgique*, tome XXIX, pages M 86-87).

« Comme M. Lohest vous l'a dit, la région située au nord d'Anvers » et les environs de Knocke, c'est-à-dire le point le plus oriental de » notre littoral, semblent tout indiqués pour y faire des sondages » qui, *s'ils n'atteignent pas le terrain houiller*, donneront, en tous cas, » à une profondeur relativement faible, environ 350 m., probablement, » des indications précieuses sur l'orientation à donner aux explorations » ultérieures ». (*Ibidem*, t. XXIX, p. M 101).

***

Nous croyons, en résumé, avoir démontré de façon irréfutable, en reproduisant les textes authentiques :

1° Que c'est à M. A. Dumont que remonte la responsabilité de la rivalité d'Écoles que la *Revendication* nous accuse d'avoir suscitée.

2° Que, déjà en 1806, l'idée de l'existence d'un bassin houiller passant par la Campine avait été émise par les frères Castiau, et que cette idée était courante dans le monde des géologues en 1875, ainsi que le prouve la concordance même des textes de MM. J. de Macar (1875), G. Lambert (1876), A. Dumont (1877), Fr. Cornet (1878), R. Malherbe (1878) et Ad. Gurlt (1882); si des recherches basées sur cette conception n'ont pas été effectuées avant 1897, c'est qu'elles ne présentaient, avant cette date, qu'un intérêt scientifique.

3° Que la conception du bassin houiller du nord de la Belgique, émise en 1877 par M. A. Dumont, ne répondait nullement au bassin de la Campine, tel que l'ont fait connaître les récentes recherches.

4° Que la découverte du terrain houiller inférieur et du Calcaire carbonifère au sondage de Lanaeken impliquait l'existence d'un bassin houiller dont ce sondage occupait le bord méridional.

5° Que, à la suite du sondage de Lanaeken, nous préconisâmes, en février 1899, des recherches à effectuer par le Gouvernement, en vue de déterminer l'existence et les conditions de gisement du bassin houiller de la Campine ; à cette occasion, nous fîmes valoir des arguments nouveaux et nous présentâmes des documents scientifiques, permettant de déduire l'épaisseur et la nature des morts-terrains, en tous les points du nord de notre pays. Nos prévisions se sont entièrement réalisées, sauf en ce qui concerne la province d'Anvers, où nous avions été induits en erreur par un renseignement inexact. Il est à remarquer que nos communications, absolument désintéressées, avaient en vue l'intérêt général et non des intérêts privés.

6° Que c'est injustement que l'on nous reproche d'avoir effectué ou conseillé des recherches au voisinage immédiat d'Asch. Les seuls travaux réalisés sur nos conseils sont à très grande distance de ceux des deux Sociétés de recherches.

7° Enfin, que nous avons toujours préconisé et réclamé avec instance un bon échantillonnage des morts-terrains, estimant que la reconnaissance exacte de ceux-ci est indispensable pour démontrer l'exploitabilité du gîte.

Liége, le 31 décembre 1903.

H. FORIR. A. HABETS. M. LOHEST.

ANNEXE A.

Monsieur H. FORIR, secrétaire général de la
Société géologique de Belgique.

Si je suis dimanche en ordre de marche je ne manquerai pas d'assister à la réunion de votre Société, à laquelle vous avez bien voulu m'inviter.

(Mais à 82 ans, on ne peut pas toujours répondre du lendemain).

La question de l'extension de notre bassin houiller vers le Nord et de son raccordement avec ceux de l'Est et de l'Ouest offre un si haut intérêt pour notre industrie que j'entendrais avec énormément de plaisir les communications qui pourront vous être faites à ce sujet.

J'ai publié, il y a de longues années déjà, quelques notes y relatives et, pour le cas où vous n'en auriez pas eu connaissance, je crois bien faire en vous en adressant un exemplaire.

Je joins à cet envoi deux notes plus récentes sur la question des eaux.

Agréez, Monsieur et cher Collègue, l'assurance de ma parfaite considération.

9 février 1899.

(s) G. LAMBERT,
42, Boulevard Bischoffsheim.

ANNEXE B.

Louvain, 9 fév. 1899.

Cher Confrère,

M. Gustave De Walque m'écrivait, il y a quelques semaines pour m'engager à assister à la séance de janvier. Je lui répondis que, dirigeant les travaux de recherche d'une Société, il ne m'était pas permis d'intervenir dans la discussion du sujet à l'ordre du jour. Ma situation est toujours la même.

Quant à la notice en question (¹), elle a une bien mince valeur au point de vue scientifique. En tous cas j'ai expédié il y a 15 jours les derniers ex. dont je disposais. Fin nov. M. Habets m'avait demandé cette brochure en communication. Je la lui ai envoyée. Il pourrait sans doute vous la remettre. Je regrette vivement de ne pouvoir vous être utile dans cette

(¹) Il s'agit de la notice de 1877 de M. Dumont sur le Limbourg hollandais.

circonstance, mais vous comprenez que l'intérêt de mes mandants m'impose une réserve très grande.

Agréez, Cher Confrère, l'expression de mes sentiments distingués.

(s) ANDRÉ DUMONT.

ANNEXE C.

Anvers, 13 janvier (1902).

Monsieur,

Mon mari très surmené par les travaux de recherche qu'il pratique depuis près de 3 ans dans le Limbourg et qui depuis plusieurs mois ne lui ont pas laissé un jour de repos a dû partir pour le Midi dans le but de rétablir sa santé ébranlée par cet excès de travail.

Je lui communiquerai votre lettre, à son retour, toutefois je crois, d'après ce que je lui ai entendu dire à l'occasion d'une circulaire reçue à Louvain [1] qu'il ne ferait plus partie de la Société géologique.

Agréez, Monsieur, mes salutations empressées.

(s) Mme DUMONT.

ANNEXE D.

Louvain, 3 fév. 02.

Monsieur le Secrétaire général de la Soc. géol. de Belgique,

Rentrant à Louvain après un assez long séjour à l'étranger, j'ai pris connaissance de la correspondance relative au retour de la quittance valant, à mes yeux, démission.

En effet, certaines assoc. reproduisent annuellement les Statuts qui les régissent et tiennent strictement à leur observation, mais d'autres négligent ce soin et montrent alors une grande tolérance vis à vis de leurs membres qui n'ont pas toujours le temps de feuilleter les publications, à la recherche des Statuts et admettent le retour de la quittance comme une démission.

Je suis membre de la Soc. géologique depuis sa fondation qui remonte bien à un quart de siècle et le texte des statuts que vous invoquez est

[1] Il s'agit du procès-verbal de la séance du 17 novembre 1901 contenant le rapport du secrétaire général.

bien sorti de ma mémoire. Evidemment, au reçu de l'annonce du recouvrement des cotisations, jaurais pu faire des recherches ou envoyer une lettre de démission. J'avoue n'y avoir pas songé, ne croyant pas la chose nécessaire et d'ailleurs cette démission eût été tardive. Bref, si les statuts doivent être observés à la lettre, je suis en faute bien innocemment et vous pouvez renouveler la quittance en tenant note alors de ma démission pour 1903.

Agréez, Monsieur le Secrétaire général, l'assurance de ma considération distinguée.

(s) André DUMONT.

ANNEXE E.

Louvain, 13 février 1902.

Monsieur le Secrétaire général,

La Société géologique a été fondée pour favoriser l'avancement de la géologie et on peut en déduire qu'elle avait été fondée aussi pour honorer la mémoire de mon illustre père. Je l'avais compris ainsi et c'est pourquoi j'ai figuré parmi les fondateurs de la Société, car je ne m'occupe que de géologie appliquée. — Voilà certes un domaine qui intéresse vivement le monde des ingénieurs et des industriels, mais beaucoup moins le monde savant. Aussi après avoir été un fidèle de la Société géologique pendant plus de 25 ans, je pense bien faire en m'en retirant pour reporter mon concours là où il pourra être plus utile et digne d'estime. J'ai payé tantôt le montant de la cotisation pour 1901-1902. Je suis ainsi en règle vis-à-vis des statuts.

Agréez, Monsieur le Secrétaire général, l'assurance de ma considération la plus distinguée.

(s) André DUMONT.

www.ingramcontent.com/pod-product-compliance
Ingram Content Group UK Ltd.
Pitfield, Milton Keynes, MK11 3LW, UK
UKHW021650260726
13994UKWH00003B/1391

9 782329 458847